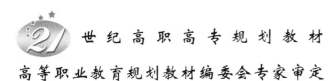
21 世纪高职高专规划教材

高等职业教育规划教材编委会专家审定

U0290188

网络交换及路由技术
项目实训教程

李　益　编著

北京邮电大学出版社
www.buptpress.com

内 容 简 介

在我国大力提倡"互联网＋"的大背景下，互联网与社会各行各业深度融合，急需大批高素质的 IT 技术专业人员。本书以主要 H3C 网络设备为依托，针对网络架构概念，网络布线，以 VLAN、STP 和链路聚合等以太网交换技术，广域网，帧中继网络，DHCP 和 FTP 服务，IPv6，以 RIP 和 OSPF 为代表的路由技术，以 ACL、NAT、AAA、802.1x 为代表的网络安全技术，链路和路由备份技术等主流标准技术，采取项目驱动教学模式，由浅入深地设计编写了一系列相应的实训项目案例，帮助读者迅速、全面地提高网络组建与管理维护方面的综合技能。

本书既可作为计算机网络技术专业及其相关专业的教材，也可供需学习和了解网络的其他专业学生选读，还可作为专业技术人员对相关技术理论和实践细节进行探讨的参考用书。

图书在版编目(CIP)数据

网络交换及路由技术项目实训教程 / 李益编著. -- 北京：北京邮电大学出版社，2016.9
ISBN 978-7-5635-4920-7

Ⅰ. ①网…　Ⅱ. ①李…　Ⅲ. ①网络交换—高等学校—教材②路由选择—高等学校—教材　Ⅳ. ①TP393②TN913.1

中国版本图书馆 CIP 数据核字(2016)第 198925 号

书　　　　名：网络交换及路由技术项目实训教程	
著作责任者：李　益　编著	
责 任 编 辑：张珊珊	
出 版 发 行：北京邮电大学出版社	
社　　　　址：北京市海淀区西土城路 10 号(邮编：100876)	
发　行　部：电话：010-62282185　传真：010-62283578	
E-mail：publish@bupt.edu.cn	
经　　　销：各地新华书店	
印　　　刷：北京九州迅驰传媒文化有限公司	
开　　　本：787 mm×1 092 mm　1/16	
印　　　张：12.5	
字　　　数：306 千字	
版　　　次：2016 年 9 月第 1 版　2016 年 9 月第 1 次印刷	

ISBN 978-7-5635-4920-7　　　　　　　　　　　　　　　　定价：28.00 元

前　　言

随着互联网的出现,基于计算机技术、通信技术和信息技术的网络技术得到飞速发展。在今天,计算机网络技术已经普及应用到人们的生活、生产和商业活动中,对社会的各个领域产生了广泛而深远的影响。2015年3月,李克强总理提出制订"互联网+"行动计划,在此大背景下,社会急需大量的具备实践操作能力及解决实际问题的高素质网络技术应用人才。

作者根据自身多年丰富的教学经验,以及目前网络行业的主流认证标准要求,依托H3C网络设备为主的实训硬件背景,结合高职学生的学习特点和认知规律,因地制宜,采取项目驱动的教学模式,精心设计了一系列实训案例,编写了本实训教程,以期提高大学生尤其是高职学生网络组建与管理维护方面的综合素质,有助于学生迅速、全面地掌握相关的知识和技能。

本书编写过程中得到院系领导及网络教研室同事的大力支持,以及网络行业公司同行的热心帮助,在此表示深深的谢意。由于作者水平有限,时间仓促,本书内容如有不妥之处,敬请指正。

作　者

目　　录

项目 1　配置管理网络设备

1.1　实训目标

> 学会使用 Console 线缆登录设备
> 掌握使用 Telnet 终端登录设备
> 掌握基本系统操作命令的使用
> 掌握基本文件操作命令的使用

1.2　项目背景

某公司新任网络管理员需对本公司相关网络设备(路由器、交换机)的配置数据进行熟悉和备份,并开启相关设备的 Telnet 服务以便远程管理。

1.3　知识背景

1. 网络设备

基本的网络设备有:计算机、集线器、交换机、网桥、路由器、网关、网络接口卡、无线接入点、打印机和调制解调器、光纤收发器、光缆等。虽然网络设备种类繁多,且与日俱增,但现如今,路由器和交换机依然是网络互联最主要和最关键的设备。

(1) 交换机

交换机(Switch)从网桥发展而来,属于 OSI 第二层即数据链路层设备,故也称二层设备。它可以为接入交换机的任意两个网络节点提供独享的信号通路。交换机有多个端口(如图 1-1 所示),每个端口都具有桥接功能,可以连接一个局域网或一台高性能服务器或工作站。实际上,交换机有时被称为多端口网桥。

图 1-1　交换机(H3C S3610)

从广义上来看,网络交换机分为两种:广域网交换机和局域网交换机。广域网交换机主要应用于电信领域,提供通信用的基础平台。而局域网交换机则应用于局域网络,用于连接终端设备,如 PC 及网络打印机等。本书所介绍的交换机多指局域网交换机。

交换机能基于目标 MAC 地址转发信息,而不是以广播方式传输,在交换机中存储并且维护着所连计算机网卡地址和交换机端口的对应表,它对接收到的所有帧进行检查,读取帧的源 MAC 地址字段后,根据所传递的数据包的目的地址,按照对应表中的内容进行转发,每一个独立的数据包都可以从源端口送到目的端口,以避免和其他端口发生冲突,对应表中如果没有对应的目的地址,则转发给所有端口。由此可以看出,交换机的基本功能包括地址学习、帧的转发和过滤、环路避免,实现以太网间的透明桥接和交换。

交换机的基本功能概括如下。

- 像集线器一样,提供了大量可供线缆连接的端口,这样可以采用星形拓扑布线。
- 像中继器、集线器和网桥那样,当它转发帧时,交换机会重新产生一个不失真的电信号。
- 像网桥那样,交换机在每个端口上都使用相同的转发或过滤逻辑。
- 像网桥那样,交换机将局域网分为多个冲突域,每个冲突域都是有独立的宽带,因此可大大提高局域网的带宽。
- 还提供了更先进的功能,如虚拟局域网(VLAN)和更高的性能。

(2) 路由器

路由器(Router)工作在网络层(如图 1-2 所示),是互联网络的枢纽,可以在多个网络上交换和路由数据包,路由器通过在相对独立的网络中交换具体协议的信息来实现这个目标。比起网桥,路由器不但能过滤和分割网络信息流、连接网络分支,还能访问数据包中更多的信息,并且可以提高数据包的传输效率。

图 1-2　路由器(H3C MSR 20-40)

路由表包含网络地址、连接信息、路径信息和发送代价等。路由器比网桥慢,主要用于广域网或广域网与局域网的互联。

目前的潮流是路由器和交换机在功能上逐渐走向融合。路由主要体现在第三层(IP)互联的功能,而交换特指以太网数据链路层的交换。现在,越来越多的路由器开始提供二层以太网交换模块与功能;交换机也不仅仅提供二层交换的基本功能,而增加了路由等三层功能。交换和路由的融合扩展了这两种设备的应用范围,增加了设备使用的灵活性。

2. 访问网络设备命令行接口的方法

通过 Console 口本地访问、使用 Telnet 终端访问、通过 AUX 口远程访问、使用 SSH 终端访问等多种方式均可访问网络设备命令行接口,其中 Console 本地访问和 Telnet 远程访问是较为常用的方式。

(1) 通过 Console 口本地访问

通过网络设备的 Console 口进行本地登录(如图 1-3 所示)是登录网络设备的最基本的方式,也是通过其他方式登录网络设备的前提基础,如:用户通过 Console 口登录到网络设备上后,继而可以对 AUX 用户进行相关的配置。

图 1-3　通过 Console 口本地访问

如表 1-1 所示,其中各项参数的含义如下。

- Console——翻译为"控制板"的意思,Console 控制接口是网络设备用来与计算机或终端设备进行连接的常用接口。
- 波特率——模拟线路信号的速率,也称调制速率,以波形每秒的振荡数来衡量。它是所传送代码的最短码元占有时间的倒数。例如一个代码的最短时间码元宽度为 50 ms,则其波特率就是 20 Bd/s。50 ms=0.05 s,波特率 1/0.05=20 Bd。
- 数据位——利用调制解调器在线路上传输数据时,每传送一组数据,都要含有相应的控制数据,包括开始发送数据、结束数据,而这组数据中最重要的是数据位。不同的通信环境下,一般规定不同的数据位和结束位数量。它的个数可以是 4、5、6、7、8 等,构成一个字符。通常采用 ASCII 码。从最低位开始传送,靠时钟定位。
- 校验方式——校验是一个冗余校验。在启动过程中的一台电脑,这使得确保计算机的数据是完整的。最简单的检错方法是"奇偶校验",即在传送字符的各位之外,再传送 1 位奇/偶校验位。可采用奇校验或偶校验。
- 停止位——它是一个字符数据的结束标志。可以是 1 位、1.5 位、2 位的高电平。
- 流控方式(也叫数据流控制)——是用于通信设备之间管理数据流的异步通信协议。流控的信令可以用硬件(带外信令)或软件(带内信令)实现。

表 1-1　Console 口缺省配置

Console 端口属性	缺省值	Console 端口属性	缺省值
波特率(每秒位数)	9 600 bit/s	停止位	1
数据位	8	流控方式(数据流控制)	不进行流控
校验方式(奇偶校验)	无校验位		

(2) 通过 Telnet 终端访问

如图 1-4 所示,网络设备作为 Telnet 服务器,用户在主机上通过 Telnet 客户端远程登录该网络设备。由于该访问方式可通过网络远程实现,为网络管理员的远程维护提供了可能。但需注意,使用 Telnet 方式有以下几个先决条件。

图 1-4　通过 Telnet 终端远程访问

a）客户端与作为服务器的网络设备之间必须具备 IP 可达性,这意味着网络设备和客户端必须配置了 IP 地址,并且其中间网络必须具备正确的路由。

b）出于安全性考虑,网络设备必须配置一定的 Telnet 验证信息,包括用户名、口令等。

c）中间网络还必须允许 TCP 和 Telnet 协议报文通过,而不能禁止之。

当然,网络设备也可以作为 Telnet 客户端登录到其他网络设备上。

（3）通过 AUX 口远程访问

若需调试的网络设备所在网络无法通达,还可考虑通过 AUX 口远程登录调试该设备（如图 1-5 所示）,而不必让网络管理人员亲自到现场通过 Console 口登录设备进行故障排除。企业级的网络设备一般都有一个 AUX 口,其功能与 Console 口相同,但是 Console 口只能本地连接,而 AUX 口可以远程拨号连接。AUX 口一般通过电话线连接到一个外置的 Modem,维护人员利用 PSTN 网络拨号到该设备上,来实现远程维护工作。

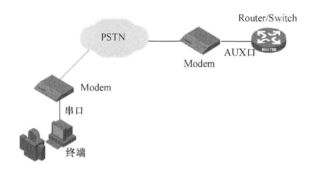

图 1-5　通过 AUX 口远程访问

（4）使用 SSH 终端访问

使用 Telnet 远程配置网络设备时,所有的信息都是以明文的方式在网络上传输的。为了提高交互数据的安全性,可以使用 SSH（Secure Shell,安全外壳）终端进行配置（如图 1-6 所示）。用户通过一个不能保证安全的网络环境远程登录到设备时,SSH 特性可以提供安全保障和强大的验证功能,以保护设备不受诸如 IP 地址欺诈、明文密码截取等攻击。

图 1-6　使用 SSH 终端访问

SSH 是建立在应用层和传输层基础上的安全协议,由传输协议、验证协议、连接协议三部分组成。

· 传输层协议［SSH-TRANS］

提供了服务器认证、保密性及完整性。此外它有时还提供压缩功能。SSH-TRANS 通常运行在 TCP/IP 连接上,也可能用于其他可靠数据流上。SSH-TRANS 提供了强有力的加密技术、密码主机认证及完整性保护。该协议中的认证基于主机,并且该协议不执行用户认证。更高层的用户认证协议可以设计为在此协议之上。

- 用户认证协议〔SSH-USERAUTH〕

用于向服务器提供客户端用户鉴别功能。它运行在传输层协议 SSH-TRANS 上面。当 SSH-USERAUTH 开始后,它从低层协议那里接收会话标识符(从第一次密钥交换中的交换哈希 H)。会话标识符唯一标识此会话并且适用于标记以证明私钥的所有权。SSH-USERAUTH 也需要知道低层协议是否提供保密性保护。

- 连接协议〔SSH-CONNECT〕

将多个加密隧道分成逻辑通道。它运行在用户认证协议上。它提供了交互式登录话路、远程命令执行、转发 TCP/IP 连接和转发 X11 连接。

SSH 使用 TCP 端口 22,提供两种验证方式。

- Password 验证

用户只要知道自己账号和口令,就可以登录到远程主机。所有传输的数据都会被加密,但是不能保证用户正在连接的服务器就是用户想连接的服务器。可能会有别的服务器在冒充真正的服务器,也就是受到"中间人"这种方式的攻击。

- Publickey 验证

该验证需要依靠密钥,先为用户创建一对密钥,并把公钥放在需要访问的服务器上;客户端软件会向服务器发出请求,请求用用户的密钥进行安全验证;服务器收到请求之后,在该服务器目录下寻找公钥,然后把它和用户发送过来的公钥进行比较。若两密钥一致,服务器就使用公钥加密"质询"(challenge)并把它发送给客户端软件;客户端软件收到"质询"之后就可以用私钥解密再把它发送给服务器。

用这种方式,用户必须知道自己密钥的口令。但是,与 Password 验证相比,Publickey 验证不需要在网络上传送口令,它不仅加密所有传送的数据,而且不易受到"中间人"攻击方式的破坏(因为攻击者没有用户的私人密钥)。

3. 队 H3C 网络设备操作系统 Comware

使用命令行配置网络设备时,每条配置和查询命令均有对应的视图,对于初学者尤其要注意命令视图的切换问题。

Comware 是 H3C 网络设备运行使用的网络操作系统,是 H3C 网络设备共用的核心软件平台。它对硬件驱动和底层操作系统进行屏蔽与封装,集成了丰富的链路层协议、以太网交换、IP 路由及转发、安全等功能模块,制定了软硬件接口标准规范,对第三方厂商提供开放平台与接口。

Comware 由上至下被分为了四大平面:管理平面、控制平面、数据平面和基础设施平面。其中:基础设施平面在操作系统的基础上提供业务运行的软件基础;数据平面提供数据报文转发功能;控制平面运行路由、MPLS、链路层、安全等各种路由、信令和控制协议;管理平面则对外提供设备的管理接口,如命令行、SNMP 管理、WEB 管理等。此外,作为一个完整的软件系统,运行 Comware 软件的产品还有自己的驱动和对应的硬件系统,构成完整的软硬件体系结构,只不过这部分是随着产品变化的,不作为 Comware 平台化的构件的一部分。

平面之下,Comware 被进一步划分成了 25 个子系统,分别完成一部分相对独立的系统功能。这些子系统各自相对独立,又有一定的依赖关系。每个子系统又可以分解成为大小规模不同的模块。这些模块才是 Comware 系统运行的基本单元。目前 Comware 系统已经包含了 270 多个不同的模块,覆盖路由、交换、无线、安全等不同领域的各种特性,为产品提供了极为丰富的特性。

4. 命令视图

使用命令行配置网络设备时,每条配置和查询命令均有对应的视图,对于初学者尤其要注意命令视图的切换问题。

(1)用户视图:设备启动后的缺省视图,可查看启动后的基本运行状态和统计信息。

(2)系统视图:配置系统全局通用参数的视图。

(3)路由协议视图:配置路由协议参数的视图。

(4)接口视图:配置接口参数的视图。

(5)用户界面视图:配置登录设备的各个用户属性的视图。

各个视图的相应关系如图 1-7 所示。

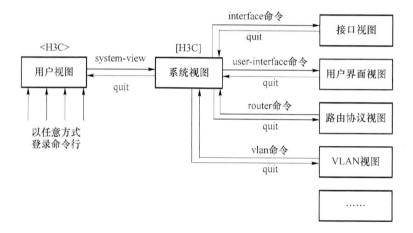

图 1-7 各视图间的关系

1.4 实训环境

本实训硬件环境如图 1-8 所示。

图 1-8 实训组网

1.5 实训设备

本实训所需主要设备及线缆如表 1-2 所示。

表 1-2　设备器材列表

名称和型号	版本	数量	描述
USB-COM 转接器		1	驱动文件见附录
H3C MSR20-40	CMW5.2-R1618P13-Standard	1	
H3C S3610	CMW5.20 Release 5306	1	
PC	Windows XP SP3	1	
Console 配置线	—	1	
五类 UTP 以太网线		1	

1.6　命令列表

本实训所用到的命令如表 1-3 所示。

表 1-3　命令列表

命　令	描　述	命　令	描　述
system-view	进入系统视图	delete	删除文件
sysname	更改设备名	reset recycle-bin	清空回收站
quit	退出	local-user	配置本地用户
display current-configuration	显示当前配置	super password level	配置 Super 口令
display saved-configuration	显示保存配置	user-interface vty	进入用户接口
reset saved-configuration	清空保存配置	authentication-mode	设置认证模式
pwd	显示当前目录	telnet server enable	启动 Telnet
dir	列出目录	save	保存配置
more	显示文本文件	reboot	重启系统
cd	更改当前目录		

1.7　实训过程

本实训约需 6 学时。

 实训任务一:通过 Console 登录

步骤一:连接配置电缆

安装附录文件夹 R340 中的驱动文件 R-340。将 USB-COM 转接器的一端接 PC 的 USB 口,另一端(串行口)连接 Console 配置线缆的串口,而 Console 电缆的 RJ-45 头一端接路由器/交换机的 Console 口(如图 1-8 所示)。

步骤二:运行超级终端

在 PC 桌面上运行【开始】→【程序】→【附件】→【通讯】→【超级终端】。填入一个任意名称,单击【确定】(如图 1-9～图 1-13 所示)。

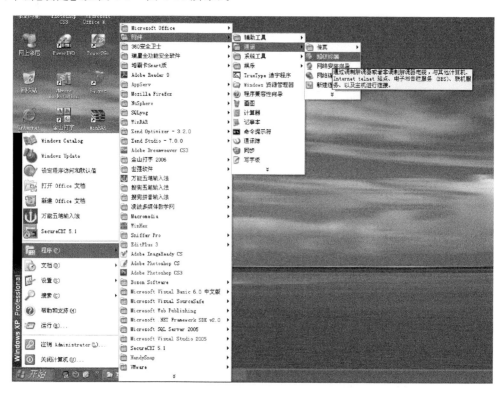

图 1-9　超级终端

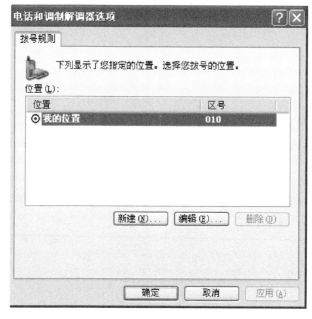

图 1-10　拨号位置

图 1-11　位置信息

图 1-12　新建连接

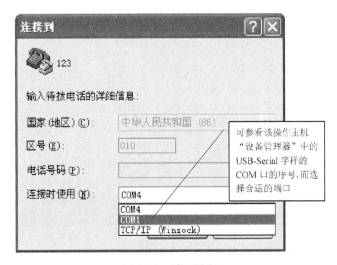

可参看该操作主机"设备管理器"中的 USB-Serial 字样的 COM 口的序号,而选择合适的端口

图 1-13　端口选择

在弹出的 COM 接口属性页面（如图 1-14 所示），单击【还原为默认值】按钮，正确设置相关的参数（即波特率为 9 600，数据位为 8，奇偶校验为"无"，停止位为 1，流量控制为"无"）。

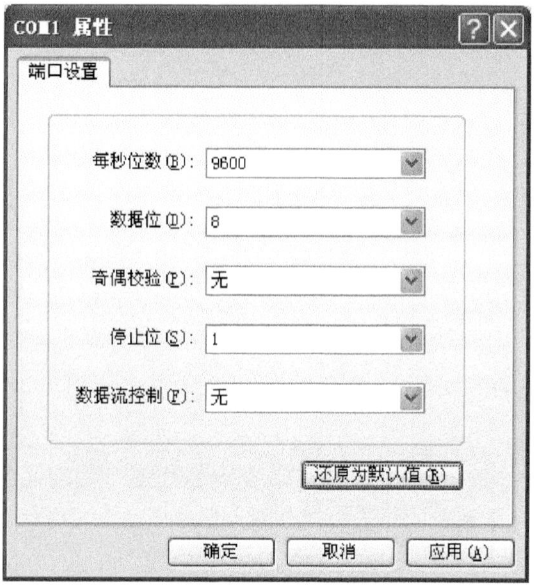

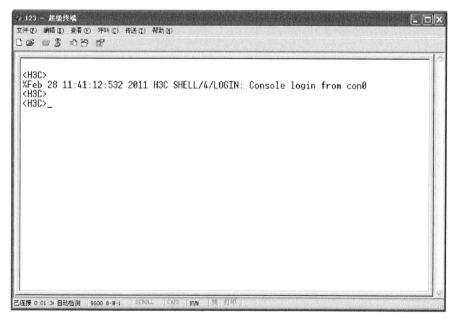

图 1-14　接口属性

步骤三：进入 Console 配置界面

再键入回车，进入用户视图（如图 1-15 所示）。

```
<H3C>
%Feb 28 11:41:12:532 2011 H3C SHELL/4/LOGIN: Console login from con0
<H3C>
<H3C>_
```

图 1-15　进入配置界面

实训任务二：使用系统操作及文件操作的基本命令

步骤一：进入系统视图

完成实训任务一时，配置界面处于用户视图下，执行命令_____进入系统视图。

系统视图的提示符为_____形式。

在系统视图下，执行命令_____以从系统视图切换到用户视图。

步骤二：显示系统运行配置

使用命令_____显示当前配置，请截图说明，此时的 sysname 是_____。

步骤三：更改系统名称

由上面的步骤可知，设备缺省的系统名称是_____。

使用命令_____把系统名称更改为 RT_YourName（若使用的是交换机则可命名为 SW_YourName），请截图说明配置后的效果。

步骤四：显示系统运行配置

再次使用_____命令显示当前配置，查找刚刚使用过的配置系统名称 sysname 是否出现在配置中：_____（是/否）？请截图说明。

另外，也请结合现实的信息，查找接口信息，并与设备的实际接口和模块进行比对。设备上的实际接口数目和类型与当前设备的型号和所插板卡有关。从当前配置中，可以看出该设备拥有_____个物理接口。

步骤五：保存配置

使用命令_____保存配置，将当前运行配置写进设备存储介质中。

系统提示：

The current configuration will be written to the device. Are you sure? [Y/N]: y
Please input the file name (*.cfg)[cf:/config.cfg]
(To leave the existing filename unchanged,　press the enter key):
Validating file. Please wait...
Now saving current configuration to the device.
Saving configuration cf:/config.cfg. Please wait...
.
Configuration is saved to cf successfully........

> 配置文件的文件扩展名为".cfg"，此处可看到系统默认的保存后文件名为 config.cfg

> 系统提示是否覆盖以前的配置文件，此处按回车键即表示选择覆盖原配置文件。

> 系统提示配置文件保存被成功保存！

步骤六：显示保存的配置

使用命令_____显示系统的保存配置（saved-configuration）。输出信息的含义为与上一步骤中的当前配置（current-configuration）相比是否相同_____（是/否）？（提示：注意此时系统名称 sysname 处）请截图说明。

再次使用命令_____显示保存的配置（截图），检查与当前运行的配置（current-configuration）相比，是否相同_____（是/否）？（提示：注意此时的系统名称 sysname 处）

使用命令_____再把系统名称更改为 RT2(若使用的是交换机则可命名为 SW2)。再次观察保存配置与当前配置(截图)是否相同_____(是/否)?

步骤七:删除和清空配置

具体做法如下:

<H3C>**reset saved-configuration**　　// 在用户视图下,擦除 flash 中原来的配置文件。

The saved configuration file will be erased.

Are you sure? [Y/N]: y

Configuration file in flash is being cleared.

Please wait…

…

Configuration in flash is cleared.

<H3C> **reboot**　　　　　　　　　　// 在用户视图下,重新启动设备

Start to check configuration with next startup configuration file, please wait......

　　This command will reboot the device. Current configuration may be lost in next startup if you continue. Continue? [Y/N]: y

　　This will reboot device. Continue? [Y/N]: y

……

　　Now rebooting, please wait...

重新启动成功后,请截图说明实训效果(提示:注意此时的系统名称 sysname 处是_____)。

步骤九:显示文件目录

- 请显示当前路径,应使用_____命令,截图说明使用的完整命令及出现的信息。
由截图信息可知:当前路径为_____。

- 请显示当前路径上所有的文件。应使用_____命令,截图说明使用的完整命令及出现的信息(即文件名称、尺寸和类型):

_____

步骤十:显示文本文件内容

- 显示一个配置文件的内容,应使用的完整命令为_____,截图说明使用的完整命令及出现的信息:

_____

步骤十一:改变当前工作路径

- 改变当前的工作路径,进入一个子目录。应使用的完整命令为_____,截图说明使用的完整命令及出现的信息:

_____

- 退出当前目录,进入上一级目录。应使用的完整命令为_____,截图说明使用的完整命令及出现的信息:

_____

步骤十二:文件删除

- 保存一个配置文件并命名为 yourNameconfig.cfg。使用的完整命令为_____,截图说明使用的完整命令及出现的信息:

  _____

- 列出所有文件,确认该文件已经存在。使用的完整命令为_____,截图说明使用的完整命令及出现的信息,此时的空闲存储空间为_____。

- 删除该配置文件。使用的完整命令为_____,截图说明使用的完整命令及出现的信息:

  _____

- 再次列出文件,截图说明使用的完整命令及出现的信息,确认该文件已经删除。此时的空闲存储空间为_____。删除 yourNameconfig.cfg 文件前后的空闲存储空间有无变化:_____,原因是_____。

- 使用命令_____列出当前目录下包括隐藏文件在内的所有的文件及子文件夹信息。截图说明记录隐藏文件和回收站文件的名称:_____

- 使用命令_____清空回收站。再次显示包括隐藏文件在内的所有文件及子文件夹信息。截图说明使用的完整命令及出现的信息,输出结果与上次的区别在于_____

- 再次创建配置文件 yourNameconfig.cfg,用一条命令永久删除之,使用的完整命令为:_____

- 再次列出所有文件,截图说明使用的完整命令及出现的信息:_____

 实训任务三:通过 Telnet 登录

- **通过 Telnet 访问路由器**

步骤一:

如图 1-16 所示,建立本地配置环境,只需将 PC 以太网口与路由器的以太网口(在路由器背部面板上,注意所连端口旁边的编号,选择标号为 0 的接口)连接(利用双绞线 UTP 直接相连或者通过以太网交换机等设备连接)。

图 1-16　任务三实训组网

```
<H3C>system-view              //进入系统视图
[H3C] sysname RT_yournumber   //对欲 Telnet 登录的设备,重新命名,其中
                                yournumber 为学号后两位。
```

- 在系统视图下,使用帮助特性列出所有以 s / d / h / t / i/ f 开头的命令,并截图说明出现的信息:

  _____

- 练习智能补全功能:在输入命令时,不需要输入一条命令的全部字符,仅输入前几个

字符,再键入_____键,系统会自动补全该命令。如果有多个命令都具有相同的前缀字符的时候,连续键入_____,系统会在这几个命令之间切换。

- 请在系统视图下,先键入 in,然后多次使用智能补全功能,并截图说明出现的信息:

[H3C]user-interface vty 0 4　　　　　//可以同时允许 5 个用户 Telnet 访问设备

[H3C-ui-vty0-4] user privilege level 3

　　　　　//指定用户访问级别,用户的优先级 level 为 0 为访问级,1 为监控级,2 为系统级,3 为管理级,数值越大,表明该用户优先级越高。

[H3C-ui-vty0-4]authentication-mode password

　　　　　　　　　　//设置用户访问时需要通过密码访问

[H3C-ui-vty0-4]set authentication password simple 123456

　　　　　　　　　　//设置用户访问密码

[H3C-ui-vty0-4] quit

[H3C] interface Ethernet 0/0　　　　　//进入网线所连的路由器的以太网口的接口视图

[H3C-Ethernet 0/0] ip address 1.1.1.1 255.0.0.0

　　　　　　　　　　//对该端口进行 IP 地址配置

[H3C-Ethernet 0/0]quit

[H3C] telnet server enable　　　　　//使能 Telnet 服务器端功能,对于路由器来说,只有配置了此命令,才可以被其他设备 Telnet 访问,而交换机不需要该条命令。

步骤二:

计算机 PC_B 的配置,将计算机 PC_B 的 IP 地址配置为 1.1.1.2/8(如图 1-17 所示),使得计算机与设备接口的 IP 地址在同一网段。

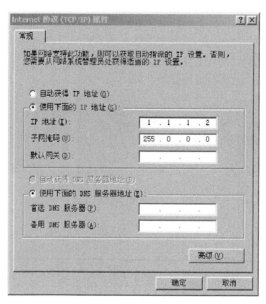

图 1-17　TCP/ IP 属性配置

步骤三：

在 PC_B 上运行 Telnet 程序(【开始】→【运行】),如图 1-18 所示。

步骤四：

如图 1-18 所示,Telnet 路由器以太网口 IP 地址(或在远端 PC 上键入路由器广域网口
IP 地址),与路由器建立连接,输入密码,"123456"(注意:输入密码时,屏幕无任何显示!),
认证通过后,会出现命令行提示符(如<H3C>),若出现"All user interfaces are used,
please try later!"的提示,说明系统允许登录的 Telnet 用户数已经达到上限,请待其他用户
释放以后再连接。

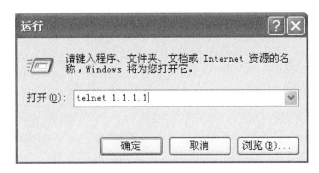

图 1-18　Telnet 登录

步骤五：

在上面的 DOS 的 Telnet 登录窗口(如图 1-19 所示)中,尝试进入设备的系统视图,再次
更改设备名称,如你的姓名全拼:

<H3C>system-view

[H3C] sysname yourname

图 1-19　Telnet 登录成功

观察此时"超级终端"中的内容有何变化?尤其是提示符的变化,并用截图说明。

• **通过 Telnet 访问交换机**

步骤一：H3C 交换机的配置和路由器配置基本一致。注意此时将 Console 线插到交换
机的 Console 接口上,将以太网线连接在交换机的第一个接口上,以实现通过 Telnet 控制
交换机设备。

步骤二：利用 Console 口对设备进行初始配置,即打开"超级终端"进行配置。

请参照上面"通过 Telnet 访问路由器"中的实验步骤,结合下面提示自行完成 Telnet 登

Console 口　　　　以太网口

Console 线　　　UTP 线

PC_A　　　　　　　　PC_B

图 1-20　交换机连接方式

录交换机的实验和练习,并将交换机上的初始配置填入下面的空格。

```
<H3C>system-view              //进入系统视图
[H3C] sysname SW_ yournumber   //对欲 Telnet 登录的设备,重新命名,其中 yournum-
                                 ber 为学号后两位。
```

- 在系统视图下,使用帮助特性列出所有以 s / d / h / t / i/ f 开头的命令,并截图说明出现的信息:

_____

- 练习智能补全功能:在输入命令时,不需要输入一条命令的全部字符,仅输入前几个字符,再键入_____键,系统会自动补全该命令。 如果有多个命令都具有相同的前缀字符的时候,连续键入_____,系统会在这几个命令之间切换。

- 请在系统视图下,先键入 in,然后多次使用智能补全功能,并截图说明出现的信息:

_____

```
[H3C]interface vlan 1
[H3C-vlan-interface1]ip address 1.1.1.1 255.0.0.0
        //本接口作为管理使用,因为交换机上以太口不能直接配置 IP 地址,需要在
          Vlan-interface 下面配置,作用和路由器上固定接口配置 IP 地址一样
[H3C-vlan-interface1]quit

[H3C]user-interface vty 0 4          //可以同时允许 5 个用户 Telnet 访问设备
[H3C-ui-vty0-4] user privilege level 3
        //指定用户访问级别,用户的优先级 level 为 0 为访问级,1 为监控级,2 为系
          统级,3 为管理级,数值越大,表明该用户优先级越高。
[H3C-ui-vty0-4]authentication-mode scheme
                                      //设置登录时需输入用户名及密码
[H3C-ui-vty0-4]quit

[H3C]local－user test               //设置登录的用户名,将 test 改为 B 同学
                                        姓名缩写
[H3C－luser－test]password simple 123  //设置登录的密码,将 123 改为 B 同学学号
[H3C－luser－test] service－type telnet
[H3C－luser－test] level 3
```

步骤三～步骤五:交换机与路由器类似。

请以截图方式说明操作命令及出现的信息:

1.8 思考题

1. 在实训任务二的步骤十二中,保存配置到 myconfig. cfg 文件后,可以查看到在 CF:/ 目录下有两个. cfg 配置文件,当系统重启后,将自动载入哪个配置文件?

答:系统重新启动后,将自动载入系统默认的 startup. cfg 配置文件,使用 display startup 即可查看到系统下一次启动时所要加载的配置文件。另外,也可以使用 startup saved-configuration 来更改系统重启后加载的配置文件的顺序。

2. 在实训任务三中步骤四中,如果要求用户 Telnet 后无须密码认证直接登入到系统,该如何修改配置?

答:将配置命令 authentication-mode scheme 改为 authentication-mode none 即可。

3. 在实训任务三的步骤一中,如果不使用 level 3 命令,后续实训会有何结果?

答:由于用户默认为 0 级,执行修改设备参数的操作时将被设备拒绝。

项目 2　简单调试网络设备

2.1　实训目标

> 掌握 ping、tracert 系统连通检测命令的使用方法
> 掌握 debug 命令的使用方法

2.2　项目背景

在网络项目的测试阶段,网络工程师小 L 首要的任务是需要检查网络的连通性。另外,为了确定网络设计中的相关协议或模块是否已正常运行,还需要使用调试工具,就网络中的故障进行具体的定位和解析。

2.3　知识背景

1. ICMP 协议

因特网控制消息协议(Internet Control Message Protocol,ICMP)是一个"错误侦测与回报机制",其目的就是让人们能够检测网路的连线状况, 也能确保连线的准确性。它在 IP 主机、路由器之间传递控制消息,而控制消息是指网络通不通、主机是否可达、路由是否可用等网络本身的消息。这些控制消息虽然并不传输用户数据,但是对于用户数据的传递起着重要的作用。但需注意的是,ICMP 仅仅报告问题,而不是纠正错误,纠正错误的任务由发送方完成。

ICMP 是 TCP/IP 协议族的一个子协议,属于网络层协议。ICMP 包有一个 8 字节长的包头(如图 2-1 所示),其中前 4 个字节是固定的格式,包含 8 位类型(Type)字段,8 位代码(Code)字段和 16 位的校验和(Checksum);后 4 个字节根据 ICMP 包的类型而取不同的值。

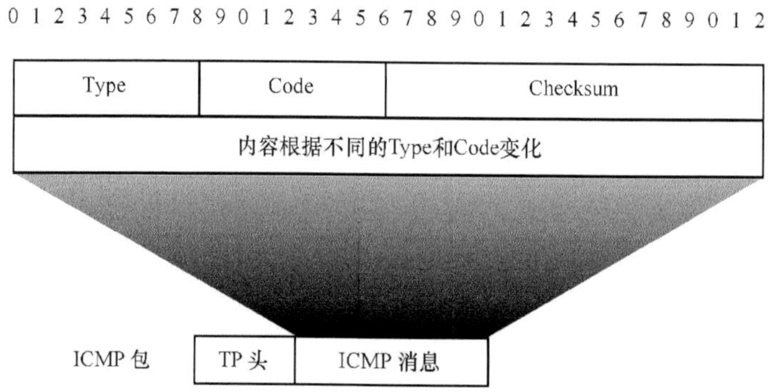

图 2-1　ICMP 数据包

ICMP 报文的种类有两种,即 ICMP 差错报告报文和 ICMP 询问报文。

• ICMP 查询报文

(1) ICMP 回送消息:用于进行通信的主机或路由器之间,判断发送数据包是否成功到达对端的消息。可以向对端主机发送回送请求消息,也可以接收对端主机回来的回送应答消息。

(2) ICMP 地址掩码消息:主要用于主机或路由器想要了解子网掩码的情况。可以向那些主机或路由器发送 ICMP 地址掩码请求消息,然后通过接收 ICMP 地址掩码应答消息获取子网掩码信息。

(3) ICMP 时间戳消息:可以向那些主机或路由器发送 ICMP 时间戳请求消息,然后通过接收 ICMP 时间戳应答消息获取时间信息。

• ICMP 差错报告

(1) 终点不可达:终点不可达分为网络不可达、主机不可达、协议不可达、端口不可达、需要分片但 DF 比特已置为 1 以及源路由失败六种情况,其代码字段分别置为 0~5。当出现以上六种情况时就向源站发送终点不可达报文。

说明:端口不可达,UDP 的规则之一是,如果收到 UDP 数据报而且目的端口与某个正在使用的进程不相符,那么 UDP 返回一个 ICMP 不可达报文。

(2) 源抑制:当路由器或主机由于拥塞而丢弃数据报时,就向源站发送源站抑制报文,使源站知道应当将数据报的发送速率放慢。

(3) 时间超过:当路由器收到生存时间为零的数据报时,除丢弃该数据报外,还要向源站发送时间超过报文。当目的站在预先规定的时间内不能收到一个数据报的全部数据报片时,就将已收到的数据报片都丢弃,并向源站发送时间超过报文。

(4) 参数问题:当路由器或目的主机收到的数据报的首部中的字段的值不正确时,就丢弃该数据报,并向源站发送参数问题报文。

(5) 改变路由(重定向)路由器将改变路由报文发送给主机,让主机知道下次应将数据报发送给另外的路由器。

表 2-1 列举了类型字段和代码字段所表示的 ICMP 报文含义,以及其与报文类型之间的对应关系。

表 2-1　ICMP 类型

TYPE	CODE	Description	Query 查询报文	Error 差错报文
0	0	Echo Reply——回显应答(Ping 应答)	√	
3	0	Network Unreachable——网络不可达		√
3	1	Host Unreachable——主机不可达		√
3	2	Protocol Unreachable——协议不可达		√
3	3	Port Unreachable——端口不可达		√
3	4	Fragmentation needed but no frag. bit set——需要进行分片但设置不分片比特		√
3	5	Source routing failed——源站选路失败		√

续 表

TYPE	CODE	Description	Query 查询报文	Error 差错报文
3	6	Destination network unknown——目的网络未知		√
3	7	Destination host unknown——目的主机未知		√
3	8	Source host isolated (obsolete)——源主机被隔离（作废不用）		√
3	9	Destination network administratively prohibited——目的网络被强制禁止		√
3	10	Destination host administratively prohibited——目的主机被强制禁止		√
3	11	Network unreachable for TOS——由于服务类型 TOS,网络不可达		√
3	12	Host unreachable for TOS——由于服务类型 TOS,主机不可达		√
3	13	Communication administratively prohibited by filtering——由于过滤,通信被强制禁止		√
3	14	Host precedence violation——主机越权		√
3	15	Precedence cutoff in effect——优先中止生效		√
4	0	Source quench——源端被关闭（基本流控制）		
5	0	Redirect for network——对网络重定向		
5	1	Redirect for host——对主机重定向		
5	2	Redirect for TOS and network——对服务类型和网络重定向		
5	3	Redirect for TOS and host——对服务类型和主机重定向		
8	0	Echo request——回显请求（Ping 请求）	√	
9	0	Router advertisement——路由器通告		
10	0	Route solicitation——路由器请求		
11	0	TTL equals 0 during transit——传输期间生存时间为 0		√
11	1	TTL equals 0 during reassembly——在数据报组装期间生存时间为 0		√
12	0	IP header bad (catchall error)——坏的 IP 首部（包括各种差错）		√
12	1	Required options missing——缺少必需的选项		√
13	0	Timestamp request (obsolete)——时间戳请求（作废不用）	√	
14	0	Timestamp reply (obsolete)——时间戳应答（作废不用）	√	
15	0	Information request (obsolete)——信息请求（作废不用）	√	
16	0	Information reply (obsolete)——信息应答（作废不用）	√	
17	0	Address mask request——地址掩码请求	√	
18	0	Address mask reply——地址掩码应答		

2. ping 命令

ping 是一个检查系统连接性的基本诊断工具,在计算机的各种操作系统或网络设备上广泛使用的检测网络连通性的常用工具。通过使用 ping 命令,用户可以检查指定地址的主机或设备是否可达,测试网络连接是否出现故障。它本质上是一个基于 ICMP 协议开发的应用程序,它利用 ICMP 回显请求报文和回显应答报文(而不用经过传输层)来测试目标主机是否可达。

作为一个生活在网络上的管理员或者黑客来说,ping 命令是第一个必须掌握的网络命令,它所利用的原理是这样的:网络上的机器都有唯一确定的 IP 地址,我们给目标 IP 地址发送一个数据包,对方就要返回一个同样大小的数据包,根据返回的数据包我们可以确定目标主机的存在,可以初步判断目标主机的操作系统等。

ping 命令提供了丰富的可选参数:

ping［ip］［-a source-ip ｜-c count ｜-f ｜-h ttl ｜-i interface-type interface-ID ｜-m interval ｜-n ｜-p pad ｜-q ｜-r ｜-s packet-size ｜-t timeout ｜-tos tos ｜-v］* remote-system

其中主要参数说明如下:

-a source-ip:指定 ICMP Echo Request 报文中的源 IP 地址。

-c count:指定发送 ICMP Echo Request 报文的数目,取值范围为 1～4 294 967 295,默认值为 50;

-f:将长度大于接口 MTU 的报文直接丢弃,即不允许对发送的 ICMP Echo Request 报文进行分片。

-h ttl:指定 ICMP Echo Request 报文中的 TTL 值,取值范围为 1～255,默认值为 255。

-i interface-type interface-ID:指定发送报文的接口的类型和编号。

-m interval:指定发送 ICMP Echo Request 报文的时间间隔,取值范围为 1～65 535,单位为 ms,默认值为 200 ms。如果在 timeout 时间内收到目的主机的响应报文,则下次 ICMP Echo Request 报文的发送时间间隔为报文的实际响应时间与 interval 之和;如果在 timeout 时间内没有收到目的主机的响应报文,则下次 ICMP Echo Request 报文的发送时间间隔为 timeout 与 interval 之和。

-n:不进行域名解析。默认情况下,系统将对 hostname 进行域名解析。

-p pad:指定 ICMP Echo Request 报文 Data 字段的填充字节,格式为 16 进制。比如,若将 pad 设置为 if,则 Data 字段将被全部填充为 if。默认情况下,填充的字节从 0x01 开始,逐渐递增,直到 0x09,然后又从 0x01 开始循环填充。

-q:除统计数字外,不显示其他详细信息。默认情况下,系统将显示包括统计信息在内的全部信息。

-r:记录路由。默认情况下,系统不记录路由。

-s packet-size:指定发送的 ICMP Echo Request 报文的长度(不包括 IP 和 ICMP 报文头),取值范围为 20～8 100,单位为字节,默认值为 56 字节。

-t timeout:指定 ICMP Echo Reply 报文的超时时间,取值范围为 1～65 535,单位为毫秒,默认值为 2000 毫秒。

-tos tos:指定 ICMP Echo Request 报文中的 服务类型(Type of Service,ToS)域的值,取值范围为 0～255,默认值为 0。

-v:显示接收到的非 Echo Reply 的 ICMP 报文。默认情况下,系统不显示非 Echo Reply 的 ICMP 报文。

Ping 的返回信息有"Request Timed Out"、"Destination Net Unreachable"和"Bad IP address"还有"Source quench received",其中:

- "Request Timed Out"——该信息表示对方主机可以到达到 TIME OUT,这种情况通常是为对方拒绝接收你发给它的数据包造成数据包丢失。大多数的原因可能是对方装有防火墙或已下线。
- "Destination Net Unreachable"——该信息表示对方主机不存在或者没有跟对方建立连接。
- "destination host unreachable"——该信息表示所经过的路由器的路由表中没有到达目标的路由。
- "time out"——该信息表示所经过的路由器的路由表中具有到达目标的路由,而目标因为其他原因不可到达。
- "Bad IP address"——该信息表示可能没有连接到 DNS 服务器所以无法解析这个 IP 地址,也可能是 IP 地址不存在。
- "Source quench received"——该信息比较特殊,它出现的概率很少。它表示对方或中途的服务器繁忙无法回应。

3. tracert 命令

tracert 命令也是基于 ICMP 协议的应用程序。通过使用 tracert 命令,用户可以查看报文从源设备传送到目的设备所经过的路由器。当网络出现故障时,用户可以使用该命令分析出现故障的网络节点。

tracert 利用 ICMP 报文和 IP 首部中的 TTL 字段,它充分利用了 ICMP 超时消息。其原理是:开始时发送一个 TTL 字段为 1 的 UDP 数据报,而后每次收到 ICMP 超时消息后,按顺序再发送一个 TTL 字段加 1 的 UDP 数据报,以确定路径中的每个路由器,而每个路由器在丢弃 UDP 数据报时都会返回一个 ICMP 超时报文,而最终到达目的主机后,由于 ICMP 选择了一个不可能的值作为 UDP 端口(大于 30 000)。这样目的主机就会发送一个端口不可达的 ICMP 差错报文。

通过向目标发送不同 IP 生存时间(TTL)值的 ICMP 回应数据包,Tracert 诊断程序确定到目标所采取的路由。要求路径上的每个路由器在转发数据包之前至少将数据包上的 TTL 递减 1。数据包上的 TTL 减为 0 时,路由器应该将"ICMP 已超时"的消息发回源系统。具体过程如下:

Tracert 先发送 TTL 为 1 的回应数据包,并在随后的每次发送过程将 TTL 递增 1,直到目标响应或 TTL 达到最大值,从而确定路由。通过检查中间路由器发回的"ICMP 已超时"的消息确定路由。

tracert 命令提供了丰富的参数选项:

tracert [-a source-ip |-f first-ttl |-m max-ttl |-p port |-p packet-ID |-w timeout] * remote-system

主要的参数和选项含义如下。

-a source-ip:指明 tracert 报文的源 IP 地址。

-f first-ttl:指定一个初始 TTL,即第一个报文所允许的跳数。取值范围为 1～255,且小于最大 TTL,默认值为 1。

-m max-ttl:指定一个最大 TTL,即一个报文所允许的最大跳数。取值范围为 1～255,且大于初始 TTL,默认值为 30。

　　-p port：指明目的设备的 UDP 端口号，取值范围为 1～65 535，默认值为 33 434。用户一般不需要更改此选项。

　　-p packet-ID：指明每次发送的探测报文个数，取值范围为 1～65 535，默认值为 3。

　　-w timeout：指定等待探测报文响应的报文的超时时间，取值范围是 1～65 535，单位为毫秒，默认值为 5 000 ms。

　　remote-system：目的设备的 IP 地址或主机名（主机名是长度为 1～20 的字符串）。

4. 系统调试操作

　　对网络设备所支持的绝大部分协议和功能，系统都提供了相应的调试功能，帮助用户对错误进行诊断和定位。调试信息的输出由两个开关控制：协议调试开关、屏幕输出开关。它们之间的关系如图 2-2 所示。

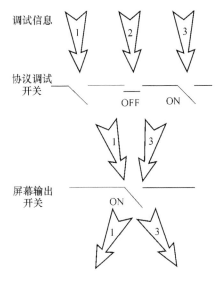

图 2-2　协议调试开关与屏幕输出开关的关系

　　要打开调试信息的屏幕输出开关，使用 terminal debugging 命令，控制是否在某个用户的命令行终端界面上显示调试信息。

　　要打开协议调试开关，使用 debugging 命令。该命令后面要指定相关的协议模块名称，如 ATM、ARP 等。当然模块名称可能不止一个参数，比如关心 IP 层如何处理报文时，可以使用 debugging ip packet 命令。

　　terminal monitor 命令用于开启控制台对系统信息的监视功能。调试信息属于系统信息的一种，因此，这是一个更高一级的开关命令。只不过该命令在需要观察调试信息时是可选的，因为默认情况下，控制台的监视功能就处于开启状态。

　　最后，通过 display debugging 命令可以查看系统当前哪些协议调试信息开关是打开的。

2.4　实训环境

　　本实训硬件环境如图 2-3 所示。

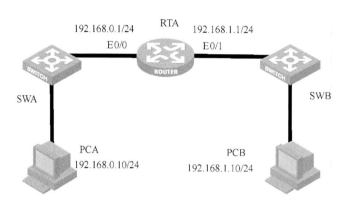

图 2-3　实训组网

2.5　实训设备

名称和型号	版本	数量	描述
USB-COM 转接器		1	驱动文件见附录
H3C MSR20-40	CMW5.2-R1618P13-Standard	1	
H3C S3610	CMW5.20 Release 5306	2	
PC	Windows XP SP3	2	
Console 配置线	—	1	
五类 UTP 以太网线		4	

2.6　命令列表

命　令	描　述
ip address	配置 IP 地址
ping	检测连通性
tracert	探测转发路径
terminal monitor	开启终端对系统信息的监视功能
terminal debugging	开启终端对调试信息的显示功能
debugging	打开系统指定模块调试开关

2.7　实训过程

本实训约需 4 个学时。

 实训任务一:搭建基本连接环境

　　步骤一:完成 PC、交换机、路由器互连,连接配置电缆按图 2-3 所示,连接相关设备,注意可以选用交换机 24 个接口中的任意两个,但所接路由器接口的对应关系不要颠倒。

安装附录文件夹 R340 中的驱动文件 R-340。将 USB-COM 转接器的一端接 PC 的 USB 口,另一端(串行口)连接 Console 配置线缆的串口,而 Console 电缆的 RJ-45 头一端接路由器/交换机的 Console 口。

步骤二:启动 PC,运行超级终端,进入用户视图

1) 在 PC 桌面上运行【开始】→【程序】→【附件】→【通讯】→【超级终端】。填入一个任意名称,单击【确定】按钮。

2) 在弹出的 COM 接口属性页面,单击[还原为默认值]按钮,正确设置相关的参数(即波特率为 9 600,数据位为 8,奇偶校验为"无",停止位为 1,流量控制为"无"):

3) 将所有设备的配置清空并重启。

<H3C>reset saved-configuration　　// 在用户视图下,擦除 flash 中原来的配置文件。

The saved configuration file will be erased.

Are you sure? [Y/N]:y

Configuration file in flash is being cleared.

Please wait…

…

Configuration in flash is cleared.

<H3C> reboot　　// 在用户视图下,重新启动设备

Start to check configuration with next startup configuration file, please wait......

This command will reboot the device. Current configuration may be lost in next startup if you continue. Continue? [Y/N]:y

This will reboot device. Continue? [Y/N]:y

……

步骤三:配置 IP 地址

4) 进入路由器的系统视图,并将路由器的系统名称更改为"RTA_yourname",将路由器的两个以太口 Ethernet 0/0 和 Ethernet 0/1 的 IP 地址分别配置为 192.168.0.1/24 和 192.168.1.1/24。具体命令如下:

[RTA_yourname]_____　　　　　　　　//进入 Ethernet 0/0 的接口视图

[RTA_yourname-Ethernet 0/0]_____　　192.168.0.1 255.255.255.0

　　　　　　//将路由器的以太网接口 E0/0 的 IP 地址配置为 192.168.0.1/24

[RTA_yourname]_____　　　　　　　　//进入 Ethernet 0/1 的接口视图

[RTA_yourname-Ethernet 0/1]_____　　192.168.1.1 255.255.255.0

　　　　　　//将路由器的以太网接口 E0/1 的 IP 地址配置为 192.168.1.1/24

5) PCA 和 PCB 的 IP 地址分别设置为 192.168.0.＊＊ 和 192.168.1.＊＊(＊＊ 为配置同学的学号后两位),掩码均为 255.255.255.0,默认网关分别为 192.168.0.1(即哪个路由器接口的 IP,答:_____)和 192.168.1.1(即哪个路由器接口的 IP,答:_____)。配

置界面如图 2-4 和图 2-5 所示。

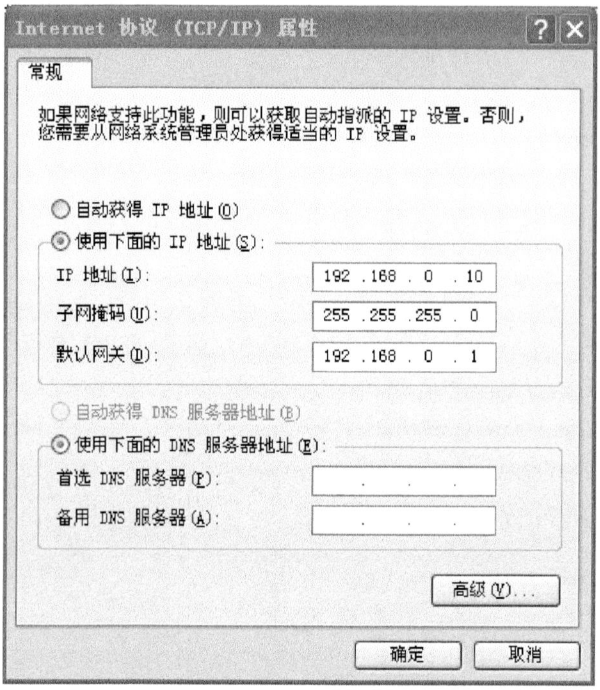

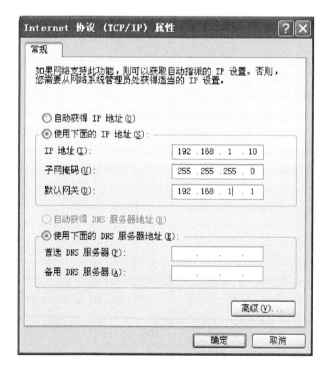

图 2-4　PCA 的 IP 配置

图 2-5　PCB 的 IP 配置

实训任务二：检查连通性

步骤一：检测 RTA 与 PCA 的连通性

1）通过超级终端登录到路由器 RTA 的用户视图后，检测与 PCA 的连通性，截图说明使用的完整命令及出现的信息：

观察输出信息，填写下列空格以记录说明实训结果：RTA 发送了_____个探测包，每个包长_____字节；收到了_____个应答包，每个包长_____字节。说明 RTA 与 PCA 是否能够连通？_____（是/否）

（注：此步骤要求达到可以连通。）

2）使用帮助特性，查看路由器 ping 命令可携带的参数，截图说明使用的完整命令及出现的信息：_____。

3）再次检查对 PCA 的连通性，要求一次发送 50 个探测包，截图说明使用的完整命令及出现的信息：_____。

4）再次检查对 PCA 的连通性，要求发送的探测包长为 512 字节，截图说明使用的完整命令及出现的信息：_____。

5）再次检查对 PCA 的连通性，要求发送探测包的源 IP 地址为 192.168.1.1，截图说明使用的完整命令及出现的信息：_____。

步骤二：检测 RTA 与 PCB 的连通性

进入 PCB 命令行窗口（具体方法：单击"开始"→"运行"，键入"cmd"，单击"确定"按钮），检测其与 RTA 接口 E0/1 地址 192.168.1.1 的连通性，截图说明使用的完整命令及出现的信息：_____。

回答：PCB 与 RTA 是否连通？_____（是/否）

 实训任务三：检查数据包转发路径

步骤一：检查从 PCA 到 PCB 的数据包转发路径

进入 PCA 命令行窗口，检查从 PCA 到 PCB 的数据包转发路径，截图说明使用的完整命令及出现的信息：_____。

从显示结果看，整个路径有_____跳，先后次序是_____。

步骤二：检查从 RTA 到 PCB 的数据包转发路径

进入 RTA 命令行界面，检查从 RTA 到 PCB 的数据包转发路径，截图说明使用的完整命令及出现的信息：_____。

从显示结果看，整个路径有_____跳，先后次序是_____。

查看路由器 tracert 命令携带的参数，截图说明使用的完整命令及出现的信息：_____。

 实训任务四：练习使用察看调试信息

步骤一：开启 RTA 终端对信息的监视和显示功能

在 RTA 的用户视图下，开启终端对系统信息的监视功能，截图说明使用的完整命令及出现的信息：_____。

在 RTA 上开启终端对调试信息的显示功能，截图说明使用的完整命令及出现的信息：_____
_____。

步骤二：打开 RTA 上 ICMP 的调试开关

在 RTA 上开启 ICMP 模块的调试功能，截图说明使用的完整命令及出现的信息：____。

<RTA>debugging ip _____

步骤三：在 PCA 上 ping RTA，观察 RTB 调试信息输出

1）在 PCA 上 ping RTA 的接口地址，连续发送 10 个 ping 报文，截图说明使用的完整命令及出现的信息：_____。

2）在 RTA 上观察 debugging 信息输出。根据输出信息，说明哪些包是来自 PCA 的探测包，哪些包是 RTA 发出的应答包，这些包的源地址、目的地址各是什么？

步骤四：关闭调试开关

调试结束后，关闭所有模块的调试开关，具体命令如下，截图出现的信息：_____。

<RTA>undo debugging all

2.8 思考题

在实训任务二的步骤一中，要求 RTA 以源 IP 地址 192.168.1.1 发送探测包，检查对 PCA 的连通性。如果没有这种要求，默认的源地址是什么？

答：默认情况下，发出的探测包的源地址为出接口的 IP 地址，即对 PCA 探测连通性时的源地址为 192.168.0.1，对 PCB 探测连通性时源地址为 192.168.1.1。

项目 3 制作 UTP 网线

3.1 实训目标

➢ 学会两种双绞线制作方法
➢ 掌握剥线/压线钳和普通网线测试仪的使用方法
➢ 了解双绞线和水晶头的组成结构
➢ 了解各网络设备之间网线连接的特点

3.2 项目背景

在某网络组建项目中,临时需要一根适当长度的 UTP 网线,而现有网线长度均不符合要求,需工程人员现场制作 UTP 网线。

3.3 知识背景

1. UTP 线缆

非屏蔽双绞线(Unshielded Twisted Pair,UTP)电缆包括一对或多对由塑料封套包裹的绝缘电线对。UTP 没有用来屏蔽双绞线的额外的屏蔽层。因此,UTP 比屏蔽双绞线(Shielded Twisted Pair,STP)更便宜,但抗噪性也相对较低。

通常说 UTP 中的 10BASE-T 电缆,"10Base-T"这种命名规范由 IEEE 制定,意思是,其最大传输速率为 10 Mbit/s,使用的是基带通信,为双绞线类型。其中"10"代表最大数据传输速度为 10 Mbit/s,"BASE"代表采用基带传输方法传输信号,"T"代表 UTP。为灵活运用网络电缆组网,需要熟悉用于现代网络的一些标准,特别是增强 5 类 UTP。

- 增强 CAT5:CAT5 电缆的更高级别的版本。它包括高质量的铜线,能提供一个高的缠绕率,并使用先进的方法以减少串扰。增强 CAT5 能支持高达 200 MHz 的信号速率,是常规 CAT5 容量的 2 倍,主要用于 100 Mbit/s Ethernet 和 1 000 Mbit/s Ethernet。

- 6 类线(CAT6)包括四对电线对的双绞线电缆。每对电线被箔绝缘体包裹,另一层箔绝缘体包裹在所有电线对的外面,同时一层防火塑料封套包裹在第二层箔层外面。箔绝缘体对串扰提供了较好的阻抗,从而使得 CAT6 能支持的吞吐量是常规 CAT5 吞吐量的六倍。当今的网络中使用 CAT6 的场合逐渐增多。

2. 网线线序标准

网线的标准分为 A 类接法(TIA/EIA-568-A)和 B 类接法(TIA/EIA-568-B)。直连网线(straight-through cable)是最常见的网线,又叫正线,是网线两头都是 A 类接法或者都是 B 类接法;交叉网线(crossover cable),又叫反线,网线两头是用不同类的接法组成的。直连线与交叉线线序如图 3-1 所示。

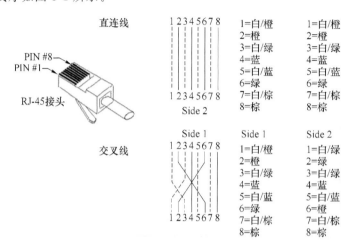

图 3-1　交叉线和直连线的线序关系

3. 以太网接口类型

MDI(Medium Dependent Interface)是介质相关接口的简称,是物理层与传输介质之间的一种接口。普通主机、路由器等的网卡接口通常为 MDI 类型。

MDI-X(Medium Dependent Interface cross-over)也是介质非相关接口,也位于物理层和传输介质之间。MDI-X 实际上是 MDI 的一个变种,仅仅在输入输出的引脚上进行了交换。主要应用于两个实体之间的连接。以太网集线器、以太网交换机等集中接入设备的接入端口通常为 MDI-X 类型。两种接口的引脚对照情况如表 3-1 所示,由该表可知,真正使用收发信号的是 1、2、3、6 接口,故有些网线虽然部分芯线不通,但只要 1、2、3、6 芯线与接口的对接线路是通达的,一般也不影响网络的通信。

表 3-1　MDI 和 MDI-X 引脚对照表

引脚	信号	
	MDI 介质相关接口	MDI-X(MII)介质非相关接口
1	BI_DA+(发)	BI_DB+(收)
2	BI_DA−(发)	BI_DB−(收)
3	BI_DB+(收)	BI_DA+(发)
4	Not used	Not used
5	Not used	Not used
6	BI_DB−(收)	BI_DA−(发)
7	Not used	Not used
8	Not used	Not used

在进行设备连接时,我们需要正确地选择线缆。当同种类型的接口(两个接口都是 MDI 或都是 MDIX)通过双绞线互联时,使用交叉网线;当不同类型的接口(一个接口是 MDI,一个接口是 MDIX)通过双绞线互联时,使用直连网线,即"相同设备相异、相异设备相同"原则(如表 3-2 所示)。

表 3-2　设备 MDI 与 MDIX 协商对照表

	主机网卡(MDI)	路由器以太口 (MDI)	交换机的接入口 (MDIX)	交换机的级连口 (MDI)
主机网卡(MDI)	交叉线	交叉线	直连线	N/A
路由器以太口(MDI)	交叉线	交叉线	直连线	N/A
交换机的接入口(MDIX)	直连线	直连线	交叉线	直连线
交换机的级连口(MDI)	N/A	N/A	直连线	交叉线

实际上现在很多网络设备拥有 Auto MDI/MDIX 端口自动翻转(线序自适应)特性,可以通过协商在两种接口之间进行自动选择,用户或网络管理员不必太在意直连线和交叉线。

本教程中所提及的 H3C 以太网交换机的 10/100 M 以太网口或 H3C MSR 系列路由器就具备智能 MDI/MDIX 识别技术,在连接时不必考虑所用网线为直连网线还是交叉网线。

3.4　实训环境

- 双绞线的两种接法:EIA/TIA 568B 和 568A,如图 3-2 所示。

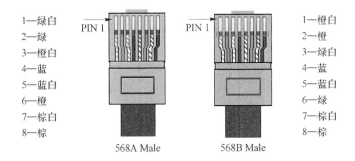

图 3-2　双绞线线序

3.5　实训设备

1. 材料:RJ45 水晶头(如图 3-3 所示)

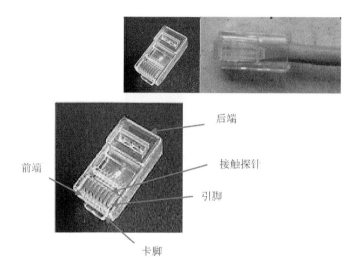

图 3-3　水晶头结构示意图

2. 工具:斜口剪、剥线器、压线钳、测线仪(如图 3-4 所示)

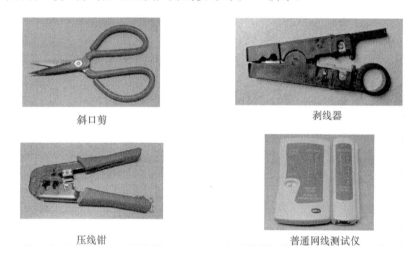

图 3-4　制作 UTP 线缆的工具

3.6　实训过程

本实训过程由 2 个实训任务组成,约需 2 个学时。

 实训任务一:制作 UTP 线

具体步骤如图 3-5 和图 3-6 所示。

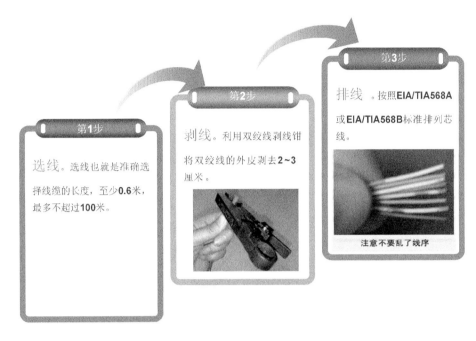

图 3-5　双绞线制作步骤示意图(一)

图 3-5　双绞线制作步骤示意图(二)

 实训任务二:双绞线测试

将网线两端的水晶头分别插入主测试仪和远程测试端的 RJ45 端口,将开关拨到"ON"(S 为慢速挡),这时主测试仪和远程测试端的指示头就应该逐个闪亮。

(1) 直通连线的测试:测试直通连线时,主测试仪的指示灯应该从 1 到 8 逐个顺序闪亮,而远程测试端的指示灯也应该从 1 到 8 逐个顺序闪亮。如果是这种现象,说明直通线的连通性没问题,否则就得重做。

(2) 交错线连线的测试:测试交错连线时,主测试仪的指示灯也应该从 1 到 8 逐个顺序闪亮,而远程测试端的指示灯应该是按着 3、6、1、4、5、2、7、8 的顺序逐个闪亮。如果是这样,说明交错连线连通性没问题,否则就得重做。

- 测试直通线灯亮顺序:

1—1 2—2 3—3 4—4　5—5 6—6 7—7 8—8

- 测试交叉线灯亮顺序:

1—3 2—6 3—1 4—4 5—5 6—2 7—7 8—8

(3) 若网线两端的线序不正确时,主测试仪的指示灯仍然从 1 到 8 逐个闪亮,只是远程测试端的指示灯将按着与主测试端连通的线号的顺序逐个闪亮。也就是说,远程测试端不能按着(1)和(2)的顺序闪亮。

注意:在制作双绞线时,为避免制作失败,需注意以下几方面的问题:

- 剥线时千万不能把芯线剪破或剪断,否则会造成芯线之间短路或不通,或者会造成相互干扰,通信质量下降;
- 双绞线颜色与 RJ-45 水晶头接线标准是否相符,应仔细检查,以免出错;
- 插线一定要插到底,否则芯线与探针接触会较差或不能接触;
- 在排线过程中,左手一定要紧握已排好的芯线,否则芯线会移位,造成白线之间不能分辩,出现芯线错位现象;
- 双绞线外皮是否已插入水晶头后端,并被水晶头后端夹住,这直接关系到所做线头的质量,否则在使用过程中会造成芯线松动;
- 压线时一定要均匀缓慢用力,并且要用力压到底,使探针完全刺破双绞线芯线,否则会造成探针与芯线接触不良;
- 双绞线两端水晶头接线标准应遵循"相同设备相异、相异设备相同"的原则;
- 测试时要仔细观察测试仪两端指示灯的对应是否正确,否则表明双绞线两端排列顺序有错,不能以为灯能亮就可以。

3.7　思考题

1. 宿舍中,两位同学的电脑互连应使用何种双绞线? 为什么?

答:选用交叉线,因按照"相同设备相异、相异设备相同"原则,连接两个 PC 的双绞线应使用交叉线。

2. 公司的出口路由器与办公室交换机互连,应使用何种双绞线? 为什么?

答:选用直通线,因为路由器的接口是 MDI 接口,而以太网交换机接口是 MDI-X 接口,按照"相同设备相异、相异设备相同"原则,连接路由器和交换机的双绞线应使用交叉线,但目前市场主流的交换机和路由器可以智能识别 MDI/MDIX 接口,连接时不必考虑网线是选用直通线,还是交叉线了,一般通用直通线。

项目 4 组建简单以太网

4.1 实训目标

> 学会制作 UTP 网线
> 理解交叉网线和直连网线的区别
> 掌握以太网速率和双工的配置

4.2 项目背景

网络工程师小 L 在组建某公司有线网络时,需现场调整某楼层交换机的端口速率和双工模式以匹配该公司网络带宽的需求。

4.3 知识背景

1. 全/半双工

802.3 提供了两种运行模式:半双工模式和全双工模式。在半双工模式下,站点使用 CSMA/CD 机制竞争对物理介质的使用。CSMA/CD 协议仅适用于半双工模式工作的共享式以太网,这种以太网也被称为传统以太网或者 CSMA/CD 网络,例如 10BASE-5 以太网交换机的出现,为以太网运行在全双工方式提供了支持,从而产生了全双工以太网。

在全双工的网段上,物理介质必须支持同时的发送与接收而不产生干扰。在这个网段上只能有两个站点,站点之间是全双工点到点的链路。因为不存在多站点争用共享介质,所以传输时没有冲突,不需要 CSMA/CD 机制或者其他多点访问算法。当然,站点必须支持全双工模式,并且配置工作模式为全双工。

早期的全双工模式运行在以太网交换机之间,随着网络技术的发展,现在不仅交换机具有全双工端口,服务器和 PC 也都配备了全双工端口。全双工的运行模式使以太网的性能得到成倍的提升。

2. 以太网的自协商

以太网技术发展到快速以太网和千兆以太网以后,出现了与原 10 Mbit/s 以太网设备兼容的问题,自协商技术就是为了解决这个问题而制定的。100BASE-TX 和 1000BASE-T 都定义了向下兼容到 10 BASE-T 的自协商技术。

自协商功能允许一个网络设备将自己所支持的工作模式以自协商报文的方式传达给线缆上的对端,并接收对方可能传递过来的相应信息。自协商功能完全由物理层芯片设计实现,因此其速度很快,且不带来任何高层协议开销。

如果对端设备不支持自协商,默认假设其工作于 10 M 半双工模式,不使用显式的流量控制机制。自协商功能虽然方便易用,但仍然存在一定的延迟,也不能排除协商错误的可能性,因此建议仅在普通端用户接入端口启动自协商,而对服务器、路由器等连接端口使用固定配置参数。

目前已经存在的以太网技术在自协商中的优先级顺序为 1000BASE-T 全双工、1000BASE-T 半双工、100BASE-T2 全双工、100BASE-TX 全双工、100BASE-T2 半双工、100BASE-T4,100BASE-TX 半双工、10BASE-T 全双工、10BASE-T 半双工依次降低。这种优先级顺序基本按照高速率优于低速率、全双工优于半双工、低传输频率优于高传输频率的规则进行排序(如表 4-1 所示)。

表 4-1 以太网的自协商的优先级

技术能力级别	优先级	技术能力级别	优先级
1000BASE-T 全双工	9	100BASE-T4	4
1000BASE-T 半双工	8	100BASE-TX 半双工	3
100BASE-T2 全双工	7	10BASE-T 全双工	2
100BASE-TX 全双工	6	10BASE-T 半双工	1
100BASE-T2 半双工	5		

4.4 实训环境

组网如图 4-1 所示。

图 4-1 实训组图

4.5 实训设备

名称和型号	版本	数量	描述
USB-COM 转接器		1	驱动文件见附录
H3C S3610	CMW5.20 Release 5306	1	
PC	Windows XP SP3	1	
Console 配置线	—	1	
五类 UTP 以太网线		4	

4.6   命令列表

命　令	描　述
duplex{auto │ full │ half}	设置以太网接口的双工模式
speed{10 │ 100 │ 1000 │ auto}	设置以太网接口的速率
shutdown	关闭以太网接口

4.7   实训过程

本实训约需 2 个学时。

 实训任务：配置以太网双工与速率

步骤一： 建立物理连接并运行超级终端

将 PC 通过 Console 电缆与交换机的 Console 口连接。

请同学先在用户视图下擦除设备中的配置文件，然后重启设备，以使系统采用缺省的配置参数进行初始化。具体方法如下：

<H3C>reset saved-configuration　　// 在用户视图下，擦除 flash 中原来的配置文件

The saved configuration file will be erased.

Are you sure? [Y/N]:y

Configuration file in flash is being cleared.

Please wait…

…

Configuration in flash is cleared.

<H3C> reboot　　　　　　　　// 在用户视图下，重新启动设备

步骤二： 查看端口双工与速率

按照组网图，用网线将 PCA 以太网口与 SWA 的端口 E1/0/2 相连，连接后，先进入系统视图（即使用 system-view 命令），使用 sysname 命令给对应交换机命名为 SWA_yourname，在 SWA 上通过 display interface Ethernet1/0/2 查看接口显示状态，请截图说明，并根据显示信息补充如下的空格：

Ethernet1/0/2   current state : ＿＿＿＿＿＿＿　　　　　　　　| "端口硬件类型" |

IP Packet Frame Type : PKTFMT_ETHNT_2 ; Hardware Address : 000f-e23e -f9b0

Media type is ＿＿＿＿＿＿, Port hardwaretype is ＿＿＿＿＿＿

100Mbps -speed mode , full-duplex mode　　　　　| full-duplex ："全双工"；
half-duplex ："半双工"；
autonegotination:"自适应" |

Link speed type is ＿＿＿＿＿＿, link duplex type is ＿＿＿＿＿＿

从如上显示信息可以看到端口的状态、物理 MAC 地址、连接的线缆类型以及端口的双工与速率。

如上信息显示目前端口在默认的情况下双工与速率是自协商模式,协商的结果是:速率为_____,双工模式为_____。

步骤三:修改端口速率

再进入接口视图(即使用 interface Ethernet 1/0/2 命令),将端口 E 1/0/2 的速率修改为 100M,请在如下的空格中填写完整的配置命令:

_____

修改完成后,再次通过命令 display interface Ethernet 1/0/2 查看端口 Ethernet1/0/2 的状态,请截图说明执行效果,并根据该命令输出补充如下的空格:

_____-speed mode, full-duplex mode

Link speed type is _____,link duplex type is autonegotiation。

从如上显示信息可以看到,虽然端口的速率仍然是 100 M,但是速率模式已经是强制模式,而不是自协商模式,而此时双工的工作模式依然是自协商。

步骤四:修改端口双工模式

在 SWA 上将端口 E1/0/2 的双工模式配置为全双工模式,请在如下的空格中填写完整的配置命令:

_____

修改完成后,再次通过命令 display interface Ethernet 1/0/2 查看端口 Ethernet 1/0/2 的状态,请截图说明执行效果,根据该命令输出补充如下的空格:

_____-speed mode,_____ mode

Link speed type is _____,link duplex type is _____

从如上显示信息可以看到,端口虽然依然是全双工模式,但是其模式已经是强制模式,而不是自协商模式。

同时也可以看到,修改端口的双工模式不对端口的速率有影响。

步骤五:同时修改端口的速率与双工

在 SWA 上将端口 Ethernet1/0/2 的速率修改为 10 Mbit/s,双工模式修改为半双工,请在如下的空格中补充完整的配置命令:

_____

修改完成后,再次通过命令 display interface Ethernet1/0/2 查看端口 Ethernet 1/0/2 的状态,请截图说明执行效果,根据该命令输出补充如下的空格:

_____-speed mode,_____ mode

Link speed type is _____,link duplex type is _____

步骤六:关闭端口

在 SWA 上通过在接口视图下执行_____命令可以将端口 Ethernet 1/0/2 关闭。

关闭接口后,再次通过命令 display interface Ethernet 1/0/2 查看端口 Ethernet 1/0/2 的状态,根据该命令输出补充如下的空格:

Ethernet 1/0/2 current state:_____

_____-speed mode,_____ mode

Link speed type is _____,link duplex type is _____

可以看到接口被关闭,但是步骤五配置的双工模式和速率模式没有改变。该命令只是影响了端口的物理状态。

可以通过在接口视图下配置_____命令将端口 Ethernet 1/0/2 开启,建立物理连接。

4.8　思考题

1. 在实训任务二中,如果两台出厂默认配置的交换机的端口 Ethernet 1/0/2 互连,那么在其中一台交换机端口上配置修改端口速率为 10 Mbit/s,那么另外一台交换机的端口 Ethernet 1/0/2 速率状态如何? 试用实训截图说明。

项目5　组建简单的广域网

5.1　实训目标

> 熟悉常用广域接口
> 熟悉常用广域网接口线缆
> 掌握广域网接口常见配置

5.2　项目背景

网络工程师小 L 使用 V.35 线缆连接两台路由器的串口,根据客户需求更改广域网线缆的速率。

5.3　知识背景

1. 同/异步协议

数据链路控制协议一般可分为异步协议和同步协议两大类。

(1) 异步协议

异步协议以字符为独立的信息传输单位,在每个字符的起始处开始对字符内的比特实现同步,但字符与字符之间的间隔时间是不固定的,也就是字符之间是异步传输的。

由于发送器和接收器中近似于同一频率的两个约定时钟,能够在一段较短的时间内保持同步,所以可以用字符起始处同步的时钟来采样该字符的各比特,而不需要每个比特同步。

在异步协议中,因为每个字符的传输都要添加诸如起始位、校验位及停止位等冗余位,故信道利用率很低,一般用于数据速率较低的场合。

(2) 同步协议

同步协议是以许多字符或许多比特组成的数据块为传输单位。这些数据块叫作帧。在帧的起始处同步,在帧内维持固定的时钟。发送端将该固定时钟混合在数据中一起发送,供接收端从数据中分离出时钟来。

由于采用帧为传输单位,所以同步协议能更好地利用信道,也便于实现差错控制和流量控制等功能。同步协议又可分为面向字符的同步协议、面向比特的同步协议及面向字节计数的同步协议。

2. V.35 电缆

V.35 电缆的接口特性遵循 ITU-T V.35 标准。路由器接头与 V.24 电缆(V.24 电缆在同步方式下的最大传输速率为 64 000 bit/s；异步方式下的最大传输速率为 115 200 bit/s。)相同,电缆外接端为 34 针 D 形连接器,也分 DCE 和 DTE 两种（34 孔/34 针）。如图 5-1 所示为 DTE 电缆示意,DCE 电缆示意图略。

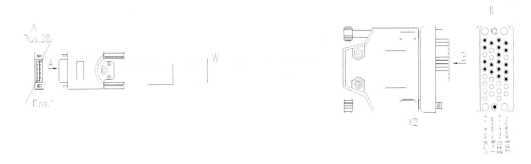

图 5-1　V.35 DTE 线缆

V.35 电缆只能工作于同步方式,用于路由器与同步 CSU/DSU 的连接之中。

V.35 电缆的公认最高速率是 2 048 000 bit/s（2 Mbit/s）。由于实际使用环境的差别,实际的传输距离和速率极限会不尽相同。V.35 电缆的最高传输速率主要受限于广泛的使用习惯,虽然从理论上 V.35 电缆速率可以达到 4 Mbit/s 或者更高,但就目前来说,没有网络营运商在 V.35 接口上提供这种带宽的服务。

5.4　实训环境

组网如图 5-2 所示。

图 5-2　实训组网

5.5　实训设备

名称和型号	版本	数量	描述
USB-COM 转接器		1	驱动文件见附录
H3C MSR20-40	CMW5.2-R1618P13-Standard	2	
PC	Windows XP SP3	1	
Console 配置线	—	1	
V.35 DTE 串口线	—	1	
V.35 DCE 串口线	—	1	

5.6 命令列表

命　　令	描　　述
physical-mode async	配置同/异步串口工作在异步方式下(Synchronous 同步方式;Asynchronous 异步方式)
baudrate *baudrate*	设置同步串口的波特率
display interface serial *interface-ID*	查看串口当前外接电缆类型以及工作方式(DTE/DCE)等信息

5.7 实训过程

本实训约需 2 个学时。

 实训任务:广域网接口线缆

步骤一:连接广域网接口线缆

将 PC 通过标准 Console 电缆与路由器的 Console 口连接。注意:本次实训开始使用一个类似"超级终端"的软件——Secure CRT 5.1(详细见附录软件列表),其运行及配置步骤如图 5-3~图 5-7 所示。

图 5-3　软件 SecureCRT

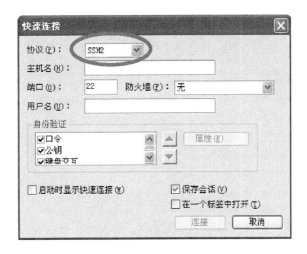

图 5-4　协议选择

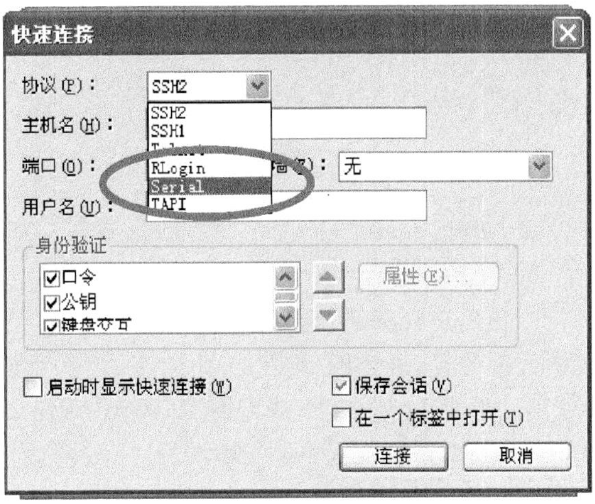

图 5-5　选择端口类型

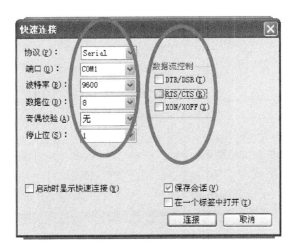

图 5-6　设定端口参数

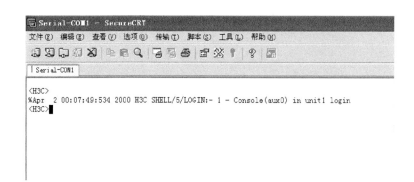

图 5-7　进入配置界面

请同学们在用户视图下擦除设备中的配置文件,然后重启设备以使系统采用缺省的配置参数进行初始化。具体方法如下:

＜H3C＞reset saved-configuration　　// 在用户视图下,擦除 flash 中原来的配置文件

The saved configuration file will be erased.

Are you sure? [Y/N]:y

Configuration file in flash is being cleared.

Please wait…

…

Configuration in flash is cleared.

＜H3C＞ reboot　　// 在用户视图下,重新启动设备

- 通过 V.35 电缆中部拆分开,确定哪侧是 34 孔插座,该侧所连路由器作为 RTA,另一侧 34 针插头所连路由器作为 RTB,确定好后,再次将 V.35 线缆对接起来。

- 将连接起来 V.35 电缆,接到路由器 RTA 和 RTB 广域网接口 S1/0(即后背板上的金属接口,注意接口旁边标号应为 1)实现互联,由此可以得知_____路由器的接口 S1/0 是 DTE 端,而_____路由器的接口 S1/0 是 DCE 端。

- A、B 两位同学分别负责一台路由器的配置。使用 system-view 命令进入系统视图,再使用 sysname 命令给对应两台路由器命名为 RTA_name1 和 RTB_name2(截图并填空)。

步骤二:查看广域网接口信息

- 在 RTA 上通过_____命令查看接口 S1/0 的信息,截图说明使用的完整命令及出现的信息:

_____

请根据上面出现的信息,填写下空:

Physical layer is _____, Baudrate is _____ bps

Interface is _____, Cable type is _____, Clock mode is DCECLK

- 在 RTB 上通过_____命令查看接口 Serial1/0 的信息,截图说明使用的完整命令及出现的信息:

_____

请根据上面出现的信息,填写下空:

Physical layer is _____, Virtual baudrate is _____ bps

Interface is _____, Cable type is _____, Clock mode is DTE CLK1

由以上信息可以看到,RTA 和 RTB 的广域网 V.35 电缆接口工作在_____(同步/异步)模式下,目前的传输速率是_____。

步骤三:配置广域网接口参数

- 配置将 RTB 的接口 S1/0 的传输速率修改为 2 Mbit/s,截图说明使用的完整命令及出现的信息:(注意:配置接口参数时,需进入接口视图! 思考:使用什么命令进入接口视图? 注:2M＝2 048 000)

_____

在 RTB 上执行该命令后,有信息提示,意思是_____。

- 然后配置将 RTA 的接口 S1/0 的传输速率修改为 2 Mbit/s,截图说明使用的完整命令及出现的信息:

_____

配置完成后通过_____命令查看接口 Serial1/0 的信息,截图说明使用的完整命令及出现的信息:

_____

- 在 RTA 的接口 S1/0 下作如下配置:

[RTA-Serial1/0] physical-mode async

截图说明使用该命令出现的信息,并解释如上配置命令的含义是_____。

一般情况下,V.35 电缆一般只用于_____(同步/异步)方式传输数据。

5.8　思考题

如果该实训中使用 V.24 电缆,那么要配置其工作于异步模式并设置其传输速率为 2 Mbit/s,该如何配置?

答:V.24 电缆在异步模式下最高传输速率为 115 200 bit/s,因此不能配置其传输速率为 2 Mbit/s。

项目 6　组建点对点网络

6.1　实训目标

> ➢ 掌握 PPP 连接的基本配置
> ➢ 掌握 PPP PAP/CHAP 验证的配置
> ➢ 熟悉 PPP 的常用监控和维护命令

6.2　项目背景

某公司有两个局域网,每个局域网有一台出口路由器,现在需要将两个局域网通过各自的出口路由器通过串口连接起来,并且该公司希望通过配置,提高连接的安全性。

6.3　知识背景

1. PPP 协议

PPP(Point to Point Protocol)协议是提供在点到点链路上传递、封装网络层数据包的一种数据链路层协议。由于支持同异步线路,能够提供验证,并且易于扩展,PPP 获得了广泛的应用。

作为目前使用最广泛的广域网协议,PPP 具有如下特点。

(1) PPP 是面向字符的,在点到点串行链路上使用字符填充技术,既支持同步链路又支持异步链路。

(2) PPP 通过链路控制协议(Link Control Protocol,LCP)部件能够有效控制数据链路建立。

(3) PPP 支持验证协议族 PAP（Password Authentication Protocol)和 CHAP (Challenge-Handshake Authentication Protocol）,更好地保证了网络的安全性。

(4) PPP 支持各种网络控制协议（Network Control Protocol,NCP),可以同时支持多种网络层协议。典型的 NCP 包括支持 IP 的 IPCP 和支持 IPX 的 IPXCP 等。

(5) PPP 可以对网络层的地址进行协商,支持 IP 地址的远程分配,能满足拨号线路的需求。

(6) PPP 无重传机制,网络开销小。

2. PPP 的组成及工作原理

PPP 是一个分层的协议簇,包含有一系列协议,其具体组成及功能如下。

（1）链路控制协议 LCP(Link Control Protocol)：位于物理层的上方，主要负责建立、配置和测试数据链路连接。

（2）网络层控制协议 NCP(Network Control Protocol)：主要用来为网络层协商可选的配置参数。例如，IP 使用 IP 控制协议（IPCP），IPX 使用 Novell IPX 控制协议（IPXCP）。

（3）认证协议：最常用的是密码验证协议 PAP 和挑战握手验证协议 CHAP。PAP 和 CHAP 通常被用于在 PPP 封装的串行线路上提供安全性认证。

为了建立点对点链路通信，PPP 链路的每一端，必须首先发送 LCP 包以便设定和测试数据链路。在链路建立且 LCP 所需的可选功能被选定之后，PPP 必须发送 NCP 包以便选择和设定一个或更多的网络层协议。一旦每个被选择的网络层协议都被设定好了，来自每个网络层协议的数据报就能在链路上发送了。链路将保持通信设定不变，直到有 LCP 和 NCP 数据包关闭链路，或者是发生一些外部事件的时候。

3. PPP 的验证方式

PPP 支持的两种验证方式：PAP 和 CHAP，其区别如下。

（1）PAP 通过两次握手的方式来完成验证，而 CHAP 通过三次握手验证远端节点。PAP 验证由被验证方首先发起验证请求，而 CHAP 验证由主验证方首先发起验证请求。

（2）PAP 密码以明文方式在链路上发送，并且当 PPP 链路建立后，被验证方会不停地在链路上反复发送用户名和密码，直到身份验证过程结束，所以不能防止攻击。CHAP 只在网络上传输用户名，而并不传输用户密码，因此它的安全性要比 PAP 高。

（3）PAP 和 CHAP 都支持双向身份验证。即参与验证的一方可以同时是验证方和被验证方。

（4）由于 CHAP 的安全性优于 PAP，CHAP 的应用更加广泛。

4. PPP 的应用

PPP 现在已经成为使用最广泛的 Internet 接入方式的数据链路层协议。PPP 可以和 ADSL、Cable Modem、LAN 等技术结合起来完成各类型的宽带接入。家庭中使用最多的宽带接入方式就是 PPPoE(PPP over Ethernet)。这是一种 PPP 利用以太网(Ethernet)资源，在以太网上运行 PPP 来对用户进行接入认证的技术，PPP 负责在用户端和运营商的接入服务器之间建立通信链路。

同样，在异步传输模式(Asynchronous Transfer Mode,ATM)网络上运行 PPP 协议来管理用户认证的方式称为 PPPoA(PPP over ATM)。它与 PPPoE 的原理相同，作用相同，但遵守的是 ATM 网络标准。

5. MP(MultiLink PPP)

PPP 允许将多个链路绑定在一起，形成一个捆绑(Bundle)，当作一个逻辑链路(MP 链路)使用。这种技术称为多链路 PPP(Multilink PPP,MP)。MP 可以实现增加带宽、负载分担、链路备份以及降低报文时延的目的。

MP 在需要时可以把包切割成碎片(fragment)以符合 MTU(最大传输单元)的值，或者也可选择把整个包发送到可用的链路上。MP 沿着首选的可用链路传输每一个单独的包或碎片，附带有额外的信息，以使接收端可以把这些碎片重新组合成单个包，再进行路由转发。

MP是包含绑定的带宽整合的一种形式,它是 RFC 1990. MP 所定义的非专有 TCP/IP 标准的一个组成部分。

MP 的具体工作过程如下:源端的 MP 收到数据包,把它们切割成碎片(可选),决定下一条可用的链路,添加一个包含顺序号和其他信息的 PPP Multilink 包头,把数据包或碎片转发到可用的链路上;接收端的 MP 收到数据包或数据包碎片,移去 MP 包头,重新把碎片组合成完整的包,转发数据包到相应的 IP 地址。由此,不管这些链路在容量上有多大的差别,可用带宽浮动得多么剧烈,MP 也能在可用的链路上平滑地分配流量。

6.4 实训环境

组网如图 6-1 和图 6-2 所示。

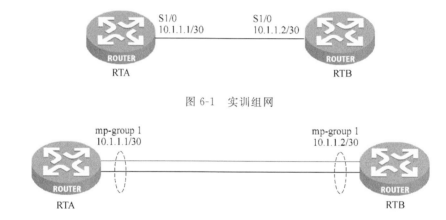

图 6-1　实训组网

图 6-2　PPP MP 实训组网

6.5 实训设备

名称和型号	版本	数量	描述
USB-COM 转接器		1	驱动文件见附录
H3C MSR20-40	CMW5.2-R1618P13-Standard	2	
PC	Windows XP SP3	1	
Console 配置线	—	1	
V.35 DTE 串口线	—	2	
V.35 DCE 串口线	—	2	

6.6 命令列表

命 令	描 述
link-protocol PPP	配置接口封装链路层协议为 PPP
ppp authentication-mode { pap	chap }	设置本端验证对端设备的验证方式
ppp chap password { cipher	simple } *password*	配置 CHAP 验证时采用的加密密钥
ppp chap user *username*	设置 CHAP 验证时的用户名
ppp pap local-user *username* password { cipher	simple } *password*	设置本端 PAP 验证时发送的用户名及口令
interface mp-group *mp-ID*	创建 MP-Group 接口
ppp mp mp-group *mp-ID*	加入 MP-Group 组

6.7 实训过程

本实训过程由 4 个实训任务组成,约需 8 个学时。

 实训任务一:PPP 协议基本配置

在开始实训前,将路由器配置恢复到默认状态。

步骤一:运行超级终端并初始化路由器配置

将 PC 通过标准 Console 电缆与路由器的 Console 口连接。

打开软件 SecureCRT 5.1,检查设备的软件版本及配置信息,确保各设备软件版本符合要求,所有配置为初始状态。如果配置不符合要求,请学生在用户视图下擦除设备中的配置文件,然后重启设备以使系统采用缺省的配置参数进行初始化。具体方法如下:

<H3C>reset saved-configuration   // 在用户视图下,擦除 flash 中原来的配置文件

The saved configuration file will be erased.

Are you sure? [Y/N]:y

Configuration file in flash is being cleared.

Please wait…

…

Configuration in flash is cleared.

<H3C> reboot   // 在用户视图下,重新启动设备

A、B 两位同学分别负责一台路由器的配置。注意:将设备命名为 RTA_name1 或 RTB_name2 的形式。

步骤二:依据规划建立两台路由器之间的物理连接

将两台路由器的 S1/0 接口通过 V.35 电缆连接。

• 在 RTA 上执行命令 display interface seria1/0,根据其输出信息可以看到:(截图并

填空）

Serial1/0 current state：_____ Line protocol current state：_____

Link layer protocol is _____

- 在 RTB 上执行同样的命令，并查看如上信息。（截图并填空）

通过如上输出信息可以得知，路由器串口默认的链路层封装协议是_____。

步骤三：配置路由器广域网接口 IP 地址

- 按图 6-1 所示，在 RTA 上配置广域网接口 S1/0 的 IP 地址。请补充完整的配置命令：

  ［RTA］interface Serial 1/0

  ［RTA-Serial1/0］_____

在 RTA 的 S1/0 接口模式下，执行命令 display this，可以看到：_____（截图并填空）

- 在 RTB 上也完成广域网接口 IP 地址配置。

  ［RTB］interface Serial 1/0

  ［RTB-Serial1/0］_____

在 RTB 的 S1/0 接口模式下，执行命令 display this，可以看到_____（截图并填空）：

- 在 RTA 路由器上执行命令 display interface serial1/0，根据其输出信息可以看到 ：（截图并填空）

  Serial1/0 current state：_____ Line protocol current

  state：_____

  Link layer protocol is _____

  LCP _____，IPCP _____

步骤四：检查路由器广域网之间的互通性，根据此信息检查并核实配置的正确性

在 RTA 上通过 ping 命令检查 RTA 与 RTB 广域网之间的互通性，其结果是_____（能/不能）ping 通。（截图并填空）

实训任务二：PPP PAP 认证配置

步骤一：配置路由器广域网接口 IP 地址并确认互通性（截图并填空）

在开始实训前，将路由器配置恢复到默认状态，即在用户视图下擦除设备中的配置文件（reset saved-configuration），然后重启设备（reboot）以使系统采用缺省的配置参数进行初始化。

再使用 sysname 命令给路由器命名为 RTA_yourname（或 RTB_yourname）。

按图 6-1 所示，依据进行 IP 地址规划，在 RTA 和 RTB 上配置广域网接口的 IP 地址。

［RTA］interface Serial 1/0

［RTA-Serial1/0］_____

［RTB］interface Serial 1/0

［RTB-Serial1/0］_____

从实训任务一得知，MSR 路由器广域网接口默认的链路层封装协议是_____，因此只要在广域网接口配置正确的 IP 地址后，RTA 与 RTB 的广域网接口之间是_____（能/不能）ping 通的（截图并填空）。

步骤二:在 RTA 上配置以 PAP 方式验证对端 RTB

RTA 为主验证方,验证 RTB,那么首先要在＿＿＿＿＿视图下配置将对端 RTB 的用户名和密码加入本地用户列表并设置用户的服务类型,请在 RTA 上完成添加对端用户名 rtb (各自改为 B 同学的姓名全拼),密码 pwdpwd(改为 B 同学的学号)到本地用户列表,在如下空格中填写完整的命令:

［RTA］local-user ＿＿＿＿＿＿＿＿

［RTA-luser-xxx］password simple ＿＿＿＿＿＿＿＿

［RTA-luser-xxx］service-type ＿＿＿＿＿＿＿＿

其次在接口视图下设置本地验证对端 RTB 的方式为 PAP,请在如下空格中填写完整的命令:

＿＿＿

注意:端口的配置改动后,务必重启一下该端口,方能使改动的配置生效!!! 重启端口的具体方法如下:

［RTA-Serial1/0］shutdown //先关闭该端口

［RTA-Serial1/0］undo shutdown ///再开启该端口

步骤三:查看接口状态并验证互通性

在 RTA 上执行命令 display interface serial1/0,根据输出信息可以看到:

Serial1/0 current state:＿＿＿＿＿＿＿＿ Line protocol current state:＿＿＿＿＿＿＿＿

Link layer protocol is ＿＿＿＿＿＿＿＿＿＿＿＿＿＿＿＿

LCP ＿＿＿＿＿＿＿＿＿＿＿＿＿＿＿＿＿

在 RTA 上 ping RTB 广域网接口地址,其结果为＿＿＿＿＿＿＿＿＿＿＿＿＿＿＿＿(能/不能)ping 通。(截图并填空)

步骤四:配置 RTB 为被验证方

在 RTB 上配置本地被对端 RTA 以 PAP 方式验证时发送的本端用户名(rtb)和密码(pwdpwd),该配置需要在接口视图下完成,请在下面的空格中填写完整的命令:(截图并填空)

＿＿＿

步骤五:查看接口状态以及验证 RTA 与 RTB 的互通性

- 在 RTA 上执行命令 display interface serial1/0,根据输出信息可以看到:(截图并填空)

Serial1/0 current state:＿＿＿＿＿＿＿＿ Line protocol current state:＿＿＿＿＿＿＿＿

Link layer protocol is ＿＿＿＿＿＿＿＿＿＿＿＿＿＿＿＿

LCP ＿＿＿＿＿＿＿＿＿＿＿＿＿＿,IPCP ＿＿＿＿＿＿＿＿＿＿＿＿＿＿＿

- 在 RTB 上完成同样的信息查看。(截图并填空)
- 在 RTA 上 ping RTB 广域网接口地址,结果是＿＿＿＿＿＿＿＿＿＿＿＿＿＿＿＿(能/不能)ping 通。(截图并填空)

实训任务三:PPP CHAP 认证配置

步骤一:配置路由器广域网接口 IP 地址并确认互通性

依据按图 6-1 所示，进行 IP 地址规划，在 RTA 和 RTB 上配置广域网接口的 IP 地址。

［RTA]interface Serial 1/0

［RTA-Serial1/0]＿＿＿＿＿＿＿＿＿

［RTB]interface Serial 1/0

［RTB-Serial1/0]＿＿＿＿＿＿＿＿＿

从实验任务一得知，MSR 路由器广域网接口默认的链路层封装协议是＿＿＿＿＿＿＿，因此只要在广域网接口配置正确的 IP 地址后，RTA 与 RTB 的广域网接口之间是＿＿＿＿＿＿＿（能/不能)ping 通的（截图并填空)。

步骤二: 在 RTA 上配置以 CHAP 方式验证对端 RTB

RTA 为主验证方，验证 RTB，那么首先要在＿＿＿＿＿＿＿视图下配置，将对端 RTB 的用户名和密码加入本地用户列表并设置用户的服务类型，请在 RTA 上完成添加对端用户名 rtb（各自改为 B 同学的姓名全拼)，密码 pwdpwd(改为 B 同学的学号)到本地用户列表，在如下空格中填写完整的命令:

［RTA］local-user ＿＿＿＿＿＿＿

［RTA-luser-xxx］password simple ＿＿＿＿＿＿＿

［RTA-luser-xxx]service-type ＿＿＿＿＿＿＿

其次在接口视图下设置本地验证对端 RTB 的方式为 CHAP，请在如下空格中填写完整的命令:

＿＿＿

注意:端口的配置改动后，务必重启一下该端口，方能使改动的配置生效!!! 重启端口的具体方法如下:

［RTA-Serial1/0］shutdown //先关闭该端口

［RTA-Serial1/0]undo shutdown ///再开启该端口

步骤三: 查看接口状态并验证互通性

在 RTA 上执行命令 display interface serial1/0，根据输出信息可以看到:

Serial1/0 current state:＿＿＿＿＿＿＿ Line protocol current state:＿＿＿＿＿＿＿

Link layer protocol is ＿＿＿＿＿＿＿

LCP ＿＿＿＿＿＿＿

在 RTA 上 ping RTB 广域网接口地址，其结果为＿＿＿＿＿＿＿＿＿＿＿＿＿（能/不能)ping 通。（截图并填空)

步骤四: 配置 RTB 为被验证方

在 RTB 上配置本地被对端 RTA 以 CHAP 方式验证时发送的本端用户名(rtb)和密码(pwdpwd)，该配置需要在接口视图下完成，请在下面的空格中填写完整的命令:（截图并填空)

在 RTB 上配置如下命令:

［RTB-Serial1/0]ppp chap user ＿＿＿＿＿＿＿

该配置命令的含义是:＿＿＿＿＿＿＿＿＿＿＿＿

［RTB-Serial1/0]ppp chap password simple ＿＿＿＿＿＿＿

该配置命令的含义是:＿＿＿＿＿＿＿＿＿＿＿＿。

步骤五:查看接口状态以及验证 RTA 与 RTB 的互通性

- 在 RTA 上执行命令 display interface serial1/0,根据输出信息可以看到:(截图并填空)

Serial1/0 current state:_____ Line protocol current state:_____

Link layer protocol is _____

LCP _____,IPCP _____

- 在 RTB 上完成同样的信息查看。(截图并填空)
- 在 RTA 上 ping RTB 广域网接口地址,结果是_____(能/不能)ping 通。(截图并填空)

实训任务四:PPP MP 配置

在开始实验前,将路由器配置恢复到默认状态。

步骤一:运行超级终端并初始化路由器配置

步骤二:在 RTA 和 RTB 上创建 Mp-group 接口并配置 IP 地址

按图 6-2 所示,分别在 RTA 和 RTB 上创建 Mp-group 接口,并配置相应的 IP 地址。具体方法如下:

- 在 RTA 上配置如下:

[RTA] interface mp-group 1

[RTA-Mp-group1] ip address 10.1.1.1 30

在 interface mp-group 命令中,数字 1 的含义是:_____

- 在 RTB 上完成类似的配置,只是 IP 地址为 10.1.1.2。

步骤三:在 RTA 和 RTB 上将相应物理接口加入 Mp-group 接口

分别在 RTA 和 RTB 上将相应的物理接口加入到 Mp-group 接口中,并将相应的物理接封装为 PPP 协议。具体方法如下:

- 在 RTA 上配置如下,请在空格处补全配置:

[RTA]interface serial 1/0

[RTA-Serial1/0]link-protocol ppp

[RTA-Serial1/0]ppp _____

[RTA]interface serial 2/0

[RTA-Serial2/0]link-protocol ppp

[RTA-Serial2/0]ppp _____

- 在 RTB 上完成如上同样的配置。

步骤四:验证并查看 MP 效果

在 RTA 上执行命令 display ppp mp,根据其输出信息可以看到:(截图并填空)

The member channels bundled are:_____

在 RTA 上执行命令 display interface Mp-group 1,根据其输出信息可以看到:(截图并填空)

Mp-group 1 current state:_____ Line protocol current state:_____

Link layer protocol is _____

LCP _____ ,MP _____ ,IPCP _____

在 RTA 上 ping RTB 上的 MP 接口 IP 地址,其结果为_____（截图并填空）。

在 RTB 上 ping RTA 上的 MP 接口 IP 地址,其结果为_____（截图并填空）。

6.8 思考题

1.在配置 CHAP 验证的时候,如果 RTB 接口 S0/0 上不配置 ppp chap password simple pwdpwd,那么 RTB 收到 RTA 的验证请求后,该如何处理才能完成 CHAP 验证的第二次握手操作并给 RTA 发送 Response? 这个时候 RTB 上需要其他配置吗?

答:按照 CHAP 验证的原理,如果被验证方检查发现本端接口上没有配置默认的 CHAP 密码,则被验证方根据此报文中主验证方的用户名在本端的用户表查找该用户对应的密码,因此这个时候需要在 RTB 上配置本地用户名和对端密码。

[RTB] local-user rta

[RTB-luser-rta] password simple pwdpwd

[RTB-luser-rta] service-type ppp

这个时候在 RTA 上也需要将用户名 rta 通过 ppp chap user 命令的指定而发送出来。

[RTB] interface Serial 0/0

[RTB-Serial0/0] ppp chap user rta

2. 如果 MP 需要验证,那么该如何配置呢?

答:在加入 MP-Group 的物理接口下配置验证即可,如：

[RTB] interface Serial 0/0

[RTB-Serial0/0] link-protocol ppp

[RTB-Serial0/0] ppp authentication-mode pap

[RouterB-Serial0/0] ppp pap local-user rtb password simple pwdpwd

项目7　组建帧中继网络

7.1　实训目标

> 熟悉帧中继的基本配置
> 深入理解帧中继 LMI、DLCI、PVC、MAP 等概念
> 深入理解分组交换广域网技术

7.2　项目背景

应客户要求,借助帧中继技术,在公司总部与公司分部的出口路由器之间建立永久虚电路,以保障通信的顺畅。

7.3　知识背景

1. 帧中继

帧中继(Frame Relay,FR)是在数据链路层用简化的方法传送和交换数据单元的快速分组交换技术。帧中继协议是一种统计复用的协议,它在单一物理传输线路上能够提供多条虚电路,能充分利用网络资源。帧中继具有吞吐量高、时延低、适合突发性业务等特点。

如图 7-1 所示,从物理上来看,终端用户路由器通过同步专线接入运营商的帧中继交换机,这些专线称为接入线路,用户路由器使用帧中继 DTE(Data Terminal Equipment)接口连接到帧中继交换机的帧中继 DCE(Data Communications Equipment)接口,双方通过本地管理接口(Local Management Interface,LMI)协议交互信息,完成参数配置、状态维持等功能。而帧中继交换机之间通过 NNI(Network-to-Network Interface)接口互相连接。源用户路由器发出的帧中继帧首先被提交给负责接入的帧中继交换机,然后经过帧中继网络中的交换路径,逐跳到达对端的接入帧中继交换机,并最终递交给目的用户路由器。

2. LMI

本地管理接口(Local Management Interface,LMI)协议:建立 DTE 和 DCE 之间的连接,完成参数配置、状态维持等功能。

LMI 通过 keepalive 消息维持 DTE 和 DCE 之间的接入线路状态。一旦该接入线路出现故障,双方可以察觉这种故障。

设备还可以用 LMI 监控 PVC 的工作状态。由于一条接入线路中可以包含多条 PVC,而每条 PVC 有其独立的状态,设备可以通过 LMI 消息了解哪条 PVC 可用,哪条不可用。

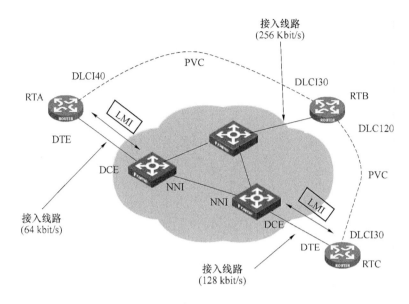

图 7-1　典型的帧中继网络

LMI 的基本工作方式是:DTE 设备每隔一定的时间间隔发送一个状态请求(Status Inquiry)消息去查询虚电路的状态,DCE 设备收到状态请求消息后,立即用状态(Status)消息通知 DTE 当前接口上所有虚电路的状态。

对于 DTE 设备,PVC 的状态完全由 DCE 侧设备决定。对于 DCE 设备,永久虚电路的状态由帧中继网络来决定。

目前的 MSR 系列路由器支持三种本地管理接口协议:ANSI 的 T1. 617 Annex D、ITU-T 的 Q. 933 Annex A、Cisco 的非标准兼容协议 Gang of Four。

DTE 和 DCE 设备必须使用相同的 LMI 类型才能正常通信。在实际工程项目中,如 DCE 和 DTE 不是同一厂商设备,需了解清楚双方默认的 LMI 类型,并手工改为一致。缺省情况下,MSR 路由器接口的 LMI 协议类型为 ITU-T 的 Q. 933。

3. PVC

永久虚电路(PVC)是指给用户提供固定的虚电路。这种虚电路是通过人工预先设定产生的,如果没有人取消它,它一直是存在的。

对于帧中继 DTE 侧设备而言,其 PVC 的状态完全由帧中继 DCE 侧设备决定。对于 DCE 侧设备,其 PVC 的状态由网络来决定。在两台网络设备直接连接的情况下,DCE 侧设备的虚电路状态是由设备管理员来设置的。在系统中,虚电路号和状态是在设置地址映射的同时设置的。

PVC 方式需要检测虚电路是否可用,而 LMI 协议就是用来检测虚电路是否可用的。

4. DLCI

由于帧中继在单一物理传输线路上能够提供多条虚电路,这就需要用一种方法标识各个虚电路。位于帧中继帧头地址字段中的数据链路连接标识(Data Link Connection Identifier,DLCI)就是用于这个目的的。在同一条链路上,每条虚电路都用唯一的 DLCI 来标识。

DLCI 是本地有效的,即 DLCI 只在本地接口和与之直接相连的对端接口之间有效,而不具有全局有效性。在帧中继网络中,不同物理接口上相同的 DLCI 并不一定表示同一个虚电路。

由于帧中继虚电路是面向连接的,本地不同的 DLCI 连接到不同对端设备,所以可认为本地 DLCI 就是对端设备的"帧中继地址"。

帧中继网络服务者负责为用户路由器使用的 PVC 分配 DLCI,即 DLCI 由帧中继 DCE一方分配给 DTE 一方。帧中继网络用户接口上最多可支持 1024 条虚电路,其中用户可用的 DLCI 范围是 16～1007,其余为协议保留,作特殊用途。一些 DLCI 代表特殊的功能,如DLCI 0 和 1023 为 LMI 协议专用。

5. Map

帧中继地址映射(Map)是把对端设备的协议地址与对端设备的帧中继地址(即本地的DLCI)关联起来,使高层协议能通过对端设备的协议地址寻址到对端设备。

如图 7-2 所示,以 IP 协议为例,在发送 IP 报文时,根据路由表只能查找到数据包的出接口和下一跳地址,如果出接口封装帧中继,则发送前还必须由该地址确定其对应的 DL-CI。路由器可以通过查找帧中继地址映射表来完成这个任务,因为地址映射表中存放的是下一跳 IP 地址与下一跳对应的 DLCI 的映射关系。

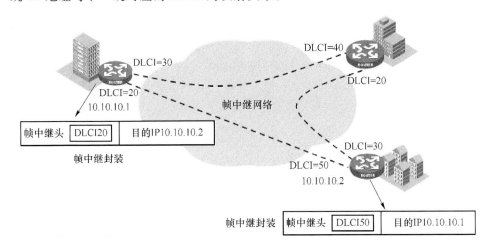

图 7-2　帧中继 MAP 地址映射

地址映射表中的映射可以由管理员手工静态配置产生,也可以由 Inverse ARP(逆向地址解析协议)动态维护。

6. 帧中继的带宽控制

帧中继的带宽控制技术既是帧中继技术的特点,更是帧中继技术的优点。帧中继的带宽控制通过 CIR(承诺的信息速率)、Bc(承诺突发量)、Be(超过的突发量)3 个参数设定完成。Tc(承诺时间间隔)和 EIR(超过的信息速率)与此 3 个参数的关系是:Tc＝Bc/CIR;EIR＝Be/Tc。

在传统的数据通信业务中,用户若申请了一条 64 kbit/s 的电路,那么他只能以 64 kbit/s的速率来传送数据;而在帧中继技术中,用户向帧中继业务运营商申请的是承诺的信息速率(CIR),而实际使用过程中用户可以以高于 CIR 的速率发送数据,却不必承担额外的费用。例如:某用户申请了 CIR 为 64 kbit/s 的帧中继电路,并且与电信运营商签定了另外两个指标:Bc 和 Be。当用户以等于或低于 64 kbit/s 的速率发送数据时,网络将确保此速率传送,当用户以大于 64 kbit/s 的速率发送数据时,只要网络不拥塞,且用户在承诺时间间隔(Tc)内发送的突发量小于 Bc+Be 时,网络还会传送,当突发量大于 Bc+Be 时,网络将丢弃帧。所以帧中继用户虽然支付了 64 kbit/s 的信息速率费(收费依 CIR 来定),却可以传送高于 64 kbit/s 的数据,这是帧中继吸引用户的主要原因之一。

7.4 实训环境

如图 7-3 所示,中间位置的一台路由器用作帧中继交换机,至少需要 2 个串口。若实训所用路由器有 3 个以上串口,可增加一台路由器 RTC(相关配置附加了灰色底纹以示区别)来完成实训。

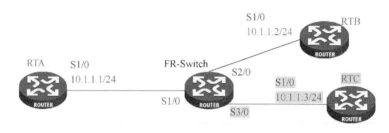

图 7-3 实训组网

7.5 实训设备

名称和型号	版本	数量	描述
USB-COM 转接器		1	驱动文件见附录
H3C MSR20-40	CMW5.2-R1618P13-Standard	3~4	至少包含 2 个以上串口
PC	Windows XP SP3	1	
Console 配置线	—	1	
V.35 DTE 串口线	—	2~3	
V.35 DCE 串口线	—	2~3	

7.6 命令列表

命 令	描 述
fr switching	启动帧中继交换功能
fr interface-type { dce | dte | nni }	设置帧中继接口类型
fr lmi type { ansi | nonstandard | q933a }	配置帧中继 LMI 协议类型
fr map ip { *ip-address* [*mask*] | default } *dlci-ID* [broadcast | [nonstandard | ietf]] *	创建一条帧中继的地址映射

续表

命 令	描 述
fr inarp [ip [dlci-ID]]	使能帧中继逆向地址解析
interface serial interface-ID. subnumber [p2p | p2mp]	创建子接口并进入子接口视图
link-protocol fr [ietf | nonstandard]	封装接口的数据链路层协议为帧中继
display fr map-info [interface interface-type interface-ID]	查看帧中继地址映射表
display fr pvc-info [[interface interface-type interface-ID] [dlci-ID]]	查看帧中继的 PVC 状态和该虚电路收发数据的统计信息
display fr statistics [interface interface-type interface-ID]	查看帧中继当前收发数据的统计信息

7.7 实训过程

本实训约需 2 个学时。

 实训任务：帧中继物理接口静态映射互通配置

在开始实训前,将路由器配置恢复到默认状态。

步骤一:运行 SecureCRT 并初始化路由器配置

注意:将设备命名为 RTA_name1 或 RTB_name2 或 frSwitch _name3 的形式。

将 PC 通过标准 Console 电缆与路由器的 Console 口连接。检查设备的软件版本及配置信息,确保各设备软件版本符合要求,所有配置为初始状态。如果配置不符合要求,请学生在用户视图下擦除设备中的配置文件,然后重启设备以使系统采用缺省的配置参数进行初始化。具体方法如下:

<H3C>reset saved-configuration // 在用户视图下,擦除 flash 中原来的配置文件

<H3C> reboot // 在用户视图下,重新启动设备

步骤二:依据规划,配置相关的 IP 地址

依据表 7-1 规划的 IP 地址,为路由器的接口配置 IP 地址。

表 7-1 IP 地址规划

设备	接口	IP 地址/掩码	本地 DLCI
RTA	S1/0	10.1.1.1/24	30、40
RTB	S1/0	10.1.1.2/24	70
RTC	S1/0	10.1.1.3/24	80

步骤步骤三:配置广域网接口封装

在 RTA 上做如下配置:(截图并填空)

[RTA-Serial1/0]link-protocol fr ietf

该命令的含义是_____,命令中 IETF 的含义是_____

在 RTB、RTC 上完成同样的配置。(截图并填空)

步骤四:配置 RTA 上帧中继相关参数

在 RTA 的 Serial1/0 接口上配置如下:(截图并填空)

[RTA-Serial1/0]fr interface-type dte

该命令的含义是_____

[RTA-Serial1/0]fr lmi type Q933a

该命令的含义是_____

[RTA-Serial1/0] fr map ip 10.1.1.2   30

[RTA-Serial1/0] fr map ip _____   40

请在空格处补充完整的配置并说明该配置命令的含义:

_____

[RTA-Serial1/0] ip address 10.1.1.1 24

步骤五:配置 RTB、RTC 上帧中继相关参数

请在如下空格处补充完整 RTB 上帧中继相关的配置:(截图并填空)

[RTB-Serial1/0]link-protocol fr ietf

[RTB-Serial1/0]fr interface-type _____

[RTB-Serial1/0]fr lmi type _____

[RTB-Serial1/0]fr map ip _____

[RTB-Serial1/0]ip address 10.1.1.2 24

步骤六:配置路由器模拟帧中继交换机

配置路由器 FR-Switch 实现帧中继交换机功能:(截图并填空)

[fr switch]fr switching   //启用帧中继交换机功能

[fr switch]interface s1/0   //连接 RTA

[fr switch-Serial1/0]link-protocol fr

[fr switch-Serial1/0]fr interface-type dce

[fr switch-Serial1/0]fr dlci 30

[fr switch-fr-dlci-Serial1/0-30]quit

[fr switch-Serial1/0]fr dlci 40

[fr switch-fr-dlci-Serial1/0-40]quit

[fr switch]interface s2/0   //连接 RTB

[fr switch-Serial2/0]link-protocol fr

[fr switch-Serial2/0]fr interface-type dce

[fr switch-Serial2/0]fr dlci 70

[fr switch-fr-dlci-Serial2/0-70]quit

[fr switch]interface s5/1   //连接 RTC

[fr switch-Serial5/1]link-protocol fr

[fr switch-Serial5/1]fr interface-type dce

[fr switch-Serial5/1]fr dlci 80

〔fr switch-fr-dlci-Serial2/0-80〕quit

〔fr switch〕fr switch a-b interface Serial1/0 dlci 30 interface Serial2/0 dlci 70

〔fr switch-fr-switching-a-b〕quit

〔frswitch〕fr switch a-c interfaceSerial1/0 dlci 40 interface Serial5/1 dlci 80

〔fr switch-fr-switching-a-c〕quit

检测帧中继交换机配置是否成功:

<fr switch>display fr switch-table all(截图并填空)

通过截图信息发现_____个通道都已经 active,通道配置成功。

步骤七:查看验证接口配置的正确性

在 RTA 上执行命令 display fr map-info,根据该输出信息可以看到:(截图并填空)

DLCI = 30, IP 10.1.1.2,Serial1/0 status =_____

DLCI = 40, IP 10.1.1.3,Serial1/0 status =_____

在 RTB、RTC 上执行同样的命令查看相关信息。

在 RTA 上执行命令 display fr lmi-info,根据其输出信息可以看到:(截图并填空)

out status enquiry=_____,in status=_____

30 秒之后,在 RTA 上重复执行命令 display fr lmi-info,根据其输出信息可以看到 out enquiry 数值_____(增加/减少),in status 数值_____(增加/减少)。

在 RTB,RTC 上完成同样如上的操作。(截图并填空)

步骤八:验证互通性

在 RTA 上 ping RTB、RTC 的 S1/0 接口 IP 地址,其结果是_____(通/不通)(截图并填空)

7.8 思考题

1. 在实训中如果 RTB 和 RTC 的接口在同一个网段,那么在 RTA 上能否通过一个子接口实现与两台路由器 RTB、RTC 的互通呢?

答:如果 RTB 和 RTC 的广域网接口在一个网段,在 RTA 上可以通过一个子接口实现互通,配置如下:

〔RTA〕interface serial 0/0.100

〔RTA-Serial0/0〕ip address 10.1.1.1 255.255.255.252

〔RTA-Serial0/0〕fr map ip 10.1.1.2 dlci 30

〔RTA-Serial0/0〕fr map ip 10.1.1.3 dlci 50

2. 在配置帧中继子接口的时候,系统默认子接口的类型是 P2MP 类型,在实训任务二中,配置子接口 serial0/0.1 和 serial0/0.2 类型为 P2P 类型,如果为 P2MP,那么在 RTA 上如何配置才能实现三条路由器的互通?

答:如果子接口类型配置为 P2MP 模式,则需要像使用主接口一样配置静态映射或使用动态解析。

项目 8　划分子网

8.1　实训目标

> 掌握 IP 子网划分原理
> 掌握子网掩码概念
> 掌握网关的概念
> 掌握基本的 IP 网段内通信

8.2　项目背景

某公司重新对公司 IP 地址进行规划,要求本公司网络管理员小 L 将本公司的一个 C 类网段地址 192.168.1.0 划分子网,分别划分给市场部、研发部、财务部、经理办公室、人事部 5 个部门,每个部门的主机数最多 10 台。另外,根据公司业务发展情况,以后有可能增设新的部门。

8.3　知识背景

1. IP 地址

连接到 Internet 上的设备必须有一个全球唯一的 IP 地址(IP Address)。IP 地址与链路类型、设备硬件无关,而是由管理员分配指定的,因此也称为逻辑地址(Logical Address)。每台主机可以拥有多个网络接口卡,也可以同时拥有多个 IP 地址。路由器也可以看作这种主机,但其每个 IP 接口必须处于不同的 IP 网络,即各个接口的 IP 地址分别处于不同的 IP 网段。

IP 地址长度为二进制 32 位,在计算机内部,IP 地址是用二进制表示的,共 32 位。使用二进制表示法很不方便记忆,因此通常采用点分十进制方式表示。即把 32 位的 IP 地址分成四段,每 8 个二进制位为一段,每段二进制分别转换为人们习惯的十进制数,并用点隔开。这样,IP 地址就表示为以小数点隔开的 4 个十进制整数,如 192.168.1.230。

2. IP 地址分类

在现实的网络中,各个网段内具有的 IP 节点数各不相同,为了更好地管理和使用 IP 地址资源,IP 地址被划分为 5 类——A 类、B 类、C 类、D 类和 E 类。每类地址的网络号和主机号在 32 位地址中占用的位数各不相同,因而其可以容纳的主机数量也有很大区别。

各类 IP 地址的实际可用地址范围如下所示:

- A 类:1.0.0.0～126.255.255.255
- B 类:128.0.0.0～191.255.255.255
- C 类:192.0.0.0～223.255.255.255
- D 类:224.0.0.0～239.255.255.255
- E 类:240.0.0.0～255.255.255.255

还有一些特殊类型的 IP 地址,如:

(1) 广播地址

主机号即 Host ID 全为 1 的 IP 地址,一般是一个网络中的最后一个地址。主机使用这种地址把一个 IP 数据报发送到本地网段的所有设备上,路由器会转发这种数据报到特定网络上的所有主机。

注意:这种地址在 IP 数据报中只能作为目的地址。另外,广播地址使所在网段可分配给设备的 IP 地址数减少了 1 个。

(2) 网络地址

网络号即 Net ID 部分全为 0 的 IP 地址。当某个主机向同一网段上的其他主机发送报文时就可以使用这样的地址,分组也不会被路由器转发。比如 12.12.12.0/24 这个网络中的一台主机 12.12.12.2/24 在与同一网络中的另一台主机 12.12.12.8/24 通信时,目的地址可以是 0.0.0.8。

(3) 0.0.0.0

严格意义上来说,0.0.0.0 已经不是真正意义上的 IP 地址了。它表示所有"不清楚"的主机和目的网络。这里的"不清楚"是指在本机的路由表里没有特定条目指明如何到达。对本机来说,它像是一个收容所,所有目的地不认识的数据包,一律送进去。如果用户在网络设置中设置了缺省网关,那么 Windows 系统就会自动产生一个目地址为 0.0.0.0 的缺省路由。

若 IP 地址全为 0,即 0.0.0.0,则这个 IP 地址在 IP 数据报中只能用作源 IP 地址,这通常发生在当设备启动时但又不知道自己的 IP 地址情况下。在使用 DHCP 分配 IP 地址的网络环境中,用户主机为了获得一个可用的 IP 地址,向 DHCP 服务器发送 IP 数据包,并用这样的地址作为源地址,目的地址为 255.255.255.255(因为主机此时还不知道 DHCP 服务器的 IP 地址)。

(4) 255.255.255.255

即 IP 地址的网络字段和主机字段全为 1,也称限制广播地址,这个地址不能被路由器转发。

对本机来说,该地址指本网段内(同一 个广播域)的所有主机,该地址用于主机配置过程中 IP 数据包的目的地址,这时主机可能还不知道它所在网络的网络掩码,甚至连它的 IP 地址也还不知道。在任何情况下,路由器都会禁止转发目的地址为 255.255.255.255 的数据包,这样的数据包仅会出现在本地网络中。

(5) 127.0.0.1

127.0.0.1 是一个保留地址,该地址是指电脑本身,主要作用是预留下作为测试使用,用于网络软件测试以及本地机进程间通信。在 Windows 系统下,该地址还有一个别名叫"localhost",无论是哪个程序,一旦使用该地址发送数据,协议软件会立即返回,不进行任何网络传输,除非出错,包含该网络号的分组是不能够出现在任何网络上的。

(6) 224.0.0.1

组播地址。从 224.0.0.0 到 239.255.255.255 都是组播地址。224.0.0.1 特指所有主机,224.0.0.2 特指所有路由器。这样的地址多用于一些特定的程序以及多媒体程序。如果你的主机开启了 IRDP(Internet 路由发现协议,使用组播功能)功能,那么你的主机路由表中应该有这样一条路由。

(7) 10.×.×.×、172.16.×.×～172.31.×.×、192.168.×.×

私有地址,这些地址被大量用于企业内部网络中。一些宽带路由器,也往往使用 192.168.1.1 作为缺省地址。私有网络由于不与外部互连,因而可能使用随意的 IP 地址。保留这样的地址供其使用是为了避免以后接入公网时引起地址混乱。使用私有地址的私有网络在接入 Internet 时,要使用地址翻译(nat),将私有地址翻译成公用合法地址。在 Internet 上,这类地址是不能出现的。

3. IP 子网划分

划分子网的方法是从 IP 地址的主机号(host-ID)部分借用若干位作为子网号(subnet-ID),剩余的位作为主机号(host-ID)。于是两级的 IP 地址就变为三级的 IP 地址,包括网络号(network-ID)、子网号(subnet-ID)和主机号(host-ID)。这样,拥有多个物理网络的机构可以将所属的物理网络划分为若干个子网。

子网划分使得 IP 网络和 IP 地址出现多层次结构,这种层次结构便于地址的有效利用和分配管理。

只根据 IP 地址本身无法确定子网号的长度。为了把主机号与子网号区分开,就必须使用子网掩码(subnet mask)。

子网掩码和 IP 地址一样都是 32 位长度,由一串二进制 1 和跟随的一串二进制 0 组成。子网掩码可以用点分十进制方式表示。与子网掩码中的 1 对应于 IP 地址中的网络号和子网号,子网掩码中的 0 对应于 IP 地址中的主机号。

将子网掩码和 IP 地址进行逐位逻辑与运算,就能得出该 IP 地址的子网地址。

习惯上有两种方式来表示一个子网掩码。

- 点分十进制表示法:与 IP 地主类似,将二进制的子网掩码化为点分十进制形式。例如 C 类默认子网掩码 11111111 11111111 11111111 00000000 可以表示为:255.255.255.0。
- 位数表示法:也称为斜线表示法(slash notation),即在 IP 地址后面加上一个斜线 "/",然后写上子网掩码中二进制 1 的位数。例如 C 类默认子网掩码 ,11111111 11111111 11111111 00000000 可以表示为 24。

4. 常用的 IP 子网划分的计算方法

(1) 所选择的子网掩码将会产生多少个子网?

2^M(M 代表子网号二进制的位数,可由子网掩码的位数减去默认子网掩码的位数得到,注意:子网号二进制可以全 0 或全 1)

(2) 每个子网能有多少主机?

2^N-2(N 代表主机号二进制的位数,即子网掩码二进制为 0 的部分)

(3) 有效子网是什么?

有效子网=256-十进制的子网掩码(结果叫作 block size 或 base number)

（4）每个子网的广播地址是多少？

$$广播地址＝下个子网号－1$$

（5）每个子网的有效主机分别是多少？

忽略子网内全为 0 和全为 1 的地址剩下的就是有效主机地址。最后 1 个有效主机地址＝下个子网号-2（即广播地址－1）

具体实例：

C 类地址例子：网络地址 192.168.10.0,子网掩码 255.255.255.192（/26）。

（1）子网号的位数 M＝26－24＝2,则子网数＝2^2＝4。

（2）主机号的位数 N＝32－26＝6,则主机数＝2^6－2＝62。

（3）有效子网：block size＝256－192＝64；所以第一个子网为 192.168.10.0,第二个为 192.168.10.64,第三个为 192.168.10.128,第四个为 192.168.10.192。

（4）广播地址：下个子网－1。所以第一和第二个子网的广播地址分别是 192.168.10.63 和 192.168.10.127。

（5）有效主机范围：第一个子网的主机地址是 192.168.10.1 到 192.168.10.62；第二个是 192.168.10.65 到 192.168.10.126。

8.4　实训环境

组网如图 8-1 所示。

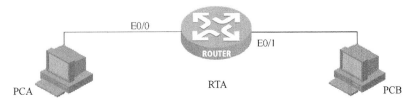

图 8-1　实训组网

8.5　实训设备

名称和型号	版本	数量	描述
USB-COM 转接器		1	驱动文件见附录
H3C MSR20-40	CMW5.2-R1618P13-Standard	1	至少包含 2 个以上串口
PC	Windows XP SP3	2	
Console 配置线	—	1	
五类 UTP 以太网线		2	

8.6 命令列表

命　令	描　述
ip address *ip-address* {*mask* │ *mask-length*}	配置接口的 IP 地址
display ip interface [*interface-type interface-ID*]	查看接口的三层相关信息

8.7 实训过程

本实训约需 2 个学时。

 实训任务：基本的 IP 网段内通信

本实训的主要任务是通过划分子网以及配置网关实现基本的 IP 网段内通信。

本次实训开始使用软件——SecureCRT 5.1，在 PC 桌面上运行【开始】→【SecureCRT 5.1】。

然后，检查设备的软件版本及配置信息，确保各设备软件版本符合要求，所有配置为初始状态。

具体做法如下：

<H3C>reset saved-configuration　　// 在用户视图下,擦除 flash 中原来的配置文件

The saved configuration file will be erased.

Are you sure? [Y/N]:y

Configuration file in flash is being cleared.

Please wait…

…

Configuration in flash is cleared.

<H3C> reboot　　　// 在用户视图下,重新启动设备

步骤一：划分 IP 子网

本实训中给定的一个 C 类网段地址 192.168.1.0,该地址段有＿＿＿＿个地址位(即主机号的位数),一共有＿＿＿＿个 IP 地址,其中网络地址是＿＿＿＿,广播地址是＿＿＿＿,一共有＿＿＿＿个可用主机地址。

现在要求将该网段地址划分子网实现每个网段内可用的主机地址数是 12,请在下面的空格中写出最佳的子网划分结果(包括网段和掩码)：

　　　　子网 IP：＿＿＿＿＿＿＿＿＿　　掩码：＿＿＿＿＿＿＿＿＿

　　　　子网 IP：＿＿＿＿＿＿＿＿＿　　掩码：＿＿＿＿＿＿＿＿＿

　　　　子网 IP：＿＿＿＿＿＿＿＿＿　　掩码：＿＿＿＿＿＿＿＿＿

子网 IP：_____ 掩码：_____

子网 IP：_____ 掩码：_____

子网 IP：_____ 掩码：_____

……（略）

步骤二：配置 IP 地址

• 在主机 PCA 上配置其 IP 地址为 192.168.1.20 /255.255.255.240

配置完成后，在 PC 的【命令提示符】窗口（单击"开始"→"运行"，键入 cmd）下，键入命令 ipconfig 来验证 PC 的 IP 地址是否配置正确，根据其输出信息回答下面的问题：

PCA 的显示结果是：（截图并填空）

IP Address _____ ；Subnet mask _____ ；

Default Gateway _____

• 在路由器的配置窗口中使用_____命令，进入系统视图，再使用_____命令给路由器 RTA 命名为 RTA_name1name2 的形式，在路由器 RTA 的 E0/0 接口上配置 IP 地址为 192.168.1.1 /28。

在 RTA 上通过_____命令可以查看接口 E0/0 的信息（截图并填空）。

根据其输出信息可以看到该接口 Internet Address is _____ Primary。

步骤三：验证相同 IP 网段内通信

在 PCA（注：在 PCA 的 DOS 窗口下）上通过 ping 命令检测 PCA 与 RTA 之间的互通，其结果是_____（通/不通）（截图并填空）。产生这种情况的原因是_____。

在不修改 PCA 的 IP 地址以及掩码情况下，修改 RTA 的 E0/0 接口地址为 192.168.1.16/28，该地址中数字 28 的含义是_____，在 RTA 的 E0/0 接口下_____（能/不能）成功的配置该 IP 地址（截图并填空），产生这种情况的原因是_____。

要解决该问题，在不修改 PCA 的 IP 地址以及掩码的情况下，RTA 的 E0/0 接口 IP 地址可以配置范围是_____，并加以验证（截图并填空）。

步骤四：配置网关

配置 RTA 接口 E0/1 的 IP 地址为 2.2.2.1/30，要确保 PCB 与 E0/1 能够互通，那么 PCB 的 IP 地址应该配置为_____。

配置完成后，在 PCA 上 ping RTA 接口 E0/1 的地址 2.2.2.1，其结果是_____（通/不通）。（截图并填空）

产生这种结果的原因是_____。

保持步骤二中配置的 PCA 的 IP 地址不变，配置 RTA 的 E0/0 接口的 IP 地址为 192.168.1.19/28，那么要实现 PCA 可以和 RTA 接口 E0/1 互通，那么 PCA 的网关地址应该配置为_____。

配置完成后，在 PCA 上 ping RTA 接口 E0/1 的地址 2.2.2.1，其结果是_____（通/不通）。（截图并填空）

由此可以理解，PC 上网关的含义是_____。

步骤五：验证不同网段 IP 互通

在 PCA 上 ping PCB,其结果是＿＿＿＿＿＿＿＿＿＿＿＿（通/不通）。（截图并填空）

要解决该问题,需要＿＿＿＿＿＿＿＿＿＿＿＿。

按照上述解决办法完成配置修改后,在 PCA 上再次 ping PCB,其结果是
＿＿＿＿＿＿＿＿＿＿＿＿（通/不通）。（截图并填空）

8.8　思考题

在步骤四中,是否可以配置 RTA 的接口 E0/1 的 IP 地址为 192.168.1.13/28 ?

项目 9 构建 ARP 代理

9.1 实训目标

> 掌握 ARP 的工作机制
> 掌握 ARP 代理的工作原理及配置方法

9.2 项目背景

某公司网络中受到疑似 ARP 攻击,需在网络设备上查看相关 ARP 表项,以确认故障原因和位置,并在相关路由器上设置合适的 ARP 代理。

9.3 知识背景

1. ARP

作为网络中主机的身份标识,IP 地址是一个逻辑地址,但在实际进行通信时,物理网络所使用的依然是物理地址,IP 地址是不能被物理网络所识别的。对于以太网而言,当 IP 数据包通过以太网发送时,以太网设备并不识别 32 位 IP 地址,它们是以 48 位的 MAC 地址标识每一设备并依据此地址传输以太网数据的。因此在物理网络中传送数据时,需要在逻辑 IP 地址和物理 MAC 地址之间建立映射(map)关系。地址之间的这种映射叫作地址解析(Address Resolution)。

地址解析协议(Address Resolution Protocol,ARP)即是用于动态地将 IP 地址解析为 MAC 地址的协议。主机通过 ARP 解析到目的 MAC 地址后,将在自己的 ARP 缓存表中增加相应的 IP 地址到 MAC 地址的映射表项,用于后续到同一目的地报文的转发。

在每台安装有 TCP/IP 协议的设备里都有一个 ARP 缓存表,表里的 IP 地址与 MAC 地址是一一对应的。

下面分两种情况说明 ARP 的工作过程:同一子网内的 ARP 和不同子网间的 ARP。

(1)同一子网内的 ARP

以主机 A(192.168.1.5)向主机 B(192.168.1.1)发送数据为例:IP 数据包包头中的源 IP 地址是 192.168.1.5,目的地址 192.168.1.1。IP 数据包构造完成以后,需要将它从网卡发送出去,在这之前必须要封装二层的数据帧的头部信息。帧头中的源 MAC 地址可以很容易获得,主机 A 直接从自己的网卡中获取即可,帧头中的目的 MAC 地址应该是对应于主机 B 的 MAC 地址。主机 A 如何得知主机 B 的 MAC 地址呢? 这是主机 A 在封装二层帧头时必须解决的问题,否则无法发送这个帧出去。主机 A 唯一的办法是向主机 B 发出询问,请主机 B 回答它自己的 MAC 地址是什么。ARP 协议正是负责完成这一工作的,即已知目的节点的 IP 地址来获取它相应的物理地址。

当发送数据时,主机 A 会在自己的 ARP 缓存表中寻找是否有目的地 IP 地址(192.168.1.1)。如果有匹配项,也就知道了目的地的 MAC 地址,直接把目标 MAC 地址写入帧里面发送就可以了;如果在 ARP 缓存表中没有找到相对应的 IP 地址,主机 A 就会在网络上发送一个广播,目标 MAC 地址是物理广播地址"FF. FF. FF. FF. FF. FF",这表示向同一网段内的所有主机发出这样的询问:"192.168.1.1 的 MAC 地址是什么?"。由于采用了广播地址,因此网段内所有的主机或设备都能够接收到该数据帧。除了目的主机外,所有接收到该 ARP 请求帧的主机和设备都会丢弃该 ARP 请求帧,因为目的主机能够识别 ARP 消息中的 IP 地址是否与本机相同。只有主机 B 接收到这个帧时,才向主机 A 做出这样的回应:"192.168.1.1 的 MAC 地址是 00-aa-00-62-c6-09"。这样,主机 A 就知道了主机 B 的 MAC 地址,它就可以向主机 B 发送信息了。同时它还更新了自己的 ARP 缓存表,下次再向主机 B 发送信息时,直接从 ARP 缓存表里查找就可以了。ARP 缓存表采用了老化机制,在一段时间内如果表中的某一行没有使用,就会被删除,这样可以大大减少 ARP 缓存表的长度,加快查询速度。

ARP 高速缓存是非常有用的。如果不使用 ARP 高速缓存,那么任何一个主机只要进行一次通信,就必须在网络上用广播的方式发送 ARP 请求分组,这会使网络上的通信量大大增加。ARP 把保存在高速缓存中的每一个映射地址项目都设置生存时间,超过生存时间的项目就从高速缓存中删除掉。

(2) 不同子网间 ARP

以主机 A(172.16.10.10/24)发送数据给主机 B(172.16.20.5/24)为例:主机 A 首先将封装 IP 数据包,这一过程与前面相同,只是目的地址在另外一个子网中。主机 A 仍然面临如何确定二层帧头所要封装的目的 MAC 地址的问题。

如果仍然依照目的节点和源节点位于同一子网中的思路,这个目的 MAC 应该是主机 B 网卡的 MAC 地址,但是,由于主机 B 位于路由器的另外一侧,因此主机 B 要想收到主机 A 发出的以太网帧必须通过路由器转发,那么路由器是否会转发呢? 答案是否定的。路由器在收到某个以太网帧后,首先检查其目的 MAC 地址,假设主机 A 发出帧中的目的 MAC 是主机 B 的网卡地址,路由器从 Ethernet 0 接口收到该帧后,查看目的 MAC 地址,发现它不是自己的 MAC 地址,从而将其丢弃掉。由此看来,位于不同子网的主机之间在通信时,目的 MAC 地址不能是目标主机的物理地址。

实际上,不同子网之间的主机通信要经过路由过程,这里就是需要路由器 A 进行转发。因此,主机 A 发现目标主机与自己不在同一个子网中时就要借助于路由器。它需要把数据帧送到路由器上,然后路由器会继续转发至目标节点。在该例中,主机 A 发现主机 B 位于不同子网时,它必须将数据帧送到路由器上,这就需要在帧头的"目的地址"字段上写入路由器接口 Ethernet 0 的 MAC 地址。因此,主机 A 需要通过 ARP 询问路由器 Ethernet 0 接口的 MAC 地址。

这里仍然是两个操作过程,一个是 ARP 请求;另一个是 ARP 应答。不过在 ARP 的请求帧中,目标 IP 地址将是路由器 Ethernet 0 接口的 IP 地址,这个地址实际上就是子网

172.16.10.0/24 中主机的默认网关。路由器收到 ARP 请求后回答自己 Ethernet 0 接口的 MAC 地址,这样主机 A 就获得了其默认网关的 MAC 地址。主机 A 构建完整的数据帧并将其发送到路由器。路由器收到主机 A 的数据后,根据路由表的指示将从另一接口 Ethernet 1 把数据发送给主机 B。同样,在发送前路由器也要封装二层帧头,也需要知道主机 B 的 MAC 地址,路由器也是通过 ARP 协议来获得 B 的 MAC 地址。

综合以上两种情况,主机 A 的完整操作过程如下:主机 A 首先比较目的 IP 地址与自己的 IP 地址是否在同一子网中,如果在同一子网,则向本网段发送 ARP 广播,获得目标 IP 所对应的 MAC 地址;如果不在同一子网,就通过 ARP 询问默认网关对应的 MAC 地址。

2. ARP 代理

路由器的一个重要功能是将局域网广播报文限制在该网内,不让其扩散,否则将会造成网络风暴。ARP Request 是个广播包,若它询问的对象在同一个局域网内,就会收到回答。但如果查询对象不在同一个局域网呢? 为了解决这个问题,路由器即可提供一个服务:代理 ARP。

代理 ARP 是 ARP 协议的一个变种。对于没有配置缺省网关的计算机要和其他网络中的计算机实现通信,网关收到源计算机的 ARP 请求会使用自己的 MAC 地址与目标计算机的 IP 地址对源计算机进行应答。代理 ARP 的工作过程如下。

若 PCA 和 PCB 虽属于不同的广播域,但它们处于同一网段中,因此 PCA 会向 PCB 发出 ARP 请求广播包,请求获得 PCB 的 MAC 地址。由于路由器不会转发广播包,因此 ARP 请求只能到达路由器,不能到达 PCB,但当在路由器上启用 ARP 代理后,路由器会查看 ARP 请求,发现目的主机的 IP 地址 172.16.20.100 属于它连接的另一个网络,因此路由器用自己的接口 MAC 地址(00-00-0c-94-36-ab)代替 PCB 的 MAC 地址,向 PCA 发送了一个 ARP 应答。PCA 收到 ARP 应答后,会认为 PCB 的 MAC 地址就是 00-00-0c-94-36-ab,不会感知到 ARP 代理的存在。

当主机不了解网关的信息,或主机无法判断目的主机是否处于同一网段时,某些主机会对处于其他网段的目的主机 IP 地址直接进行 ARP 解析。此时,路由器可以运行代理 ARP (Proxy ARP)协助主机实现通信。

代理 ARP 的一个主要优点就是能够在不影响其他路由器的路由表的情况下在网络上添加一个新的路由器,这样使得子网的变化对主机是透明的。主机可以不用修改 IP 地址和子网掩码就能和现有的网络互通。代理 ARP 应该使用在主机没有配置默认网关或没有任何路由策略的网络上。

例如,一台笔记本电脑在公司和家庭都需要上网。公司网络要求配置静态 IP 地址,而家里使用 ADSL 路由器自动分配 IP 地址,如果每次都要重新修改电脑的 IP 设置,将非常麻烦。如果 ADSL 路由器支持代理 ARP 功能,则可以直接使用公司的静态 IP 地址在家里正常上网了。但需注意的是:运行代理 ARP 时路由器将会转发 ARP 广播请求,造成全网效率降低,因此不适用于大规模网络。

3. RARP

反向地址解析协议(Reverse Address Resolution Protocol,RARP)即是局域网的物理机器从网关服务器的 ARP 表或者缓存上根据 MAC 地址请求 IP 地址的协议,其功能与地址解析协议相反。该协议可以允许无盘工作站动态获得其协议地址。

RARP 的查询过程与 ARP 的工作流程正好相反。首先是查询主机向网络送出一个 RARP Request 广播包,向别的主机查询自己的 IP 地址。这时候网络上的 RARP 服务器就会将发送端的 IP 地址用 RARP Reply 包回应给查询者,这样查询主机就获得了自己的 IP 地址。

其具体工作过程为:

(1) 给主机发送一个本地的 RARP 广播,在此广播包中,声明自己的 MAC 地址并且请求任何收到此请求的 RARP 服务器分配一个 IP 地址;

(2) 本地网段上的 RARP 服务器收到此请求后,检查其 RARP 列表,查找该 MAC 地址对应的 IP 地址;

(3) 如果存在,RARP 服务器就给源主机发送一个响应数据包并将此 IP 地址提供给对方主机使用;

(4) 如果不存在,RARP 服务器对此不做任何的响应;

(5) 源主机收到 RARP 服务器的响应信息,就利用得到的 IP 地址进行通信;如果一直没有收到 RARP 服务器的响应信息,表示初始化失败。

4. ARP 欺骗

地址解析协议是建立在网络中各个主机"互相信任"的基础上的,它的诞生使得网络能够更加高效的运行,但其本身存在着安全缺陷。

ARP 地址转换表是依赖于计算机中高速缓冲存储器动态更新的,而高速缓冲存储器的更新是受到更新周期的限制的,只保存最近使用的地址的映射关系表项,这使得攻击者可以在高速缓冲存储器更新表项之前修改地址转换表,实现攻击。ARP 请求为广播形式发送的,网络上的主机可以自主发送 ARP 应答消息,并且当其他主机收到应答报文时不会检测该报文的真实性就将其记录在本地的 MAC 地址转换表中,这样攻击者就可以向目标主机发送伪 ARP 应答报文,从而篡改本地的 MAC 地址表。ARP 欺骗可以导致目标计算机与网关通信失败,更会导致通信重定向,所有的数据都会通过攻击者的机器,因此存在极大的安全隐患。

9.4 实训环境

组网如图 9-1 所示。

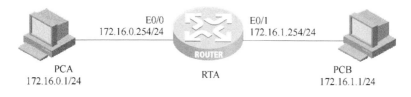

图 9-1 实训组网

(注意:PC 与路由器接口的对应关系)

9.5　实训设备

表 9-1　实训设备器材

名称和型号	版本	数量	描述
USB-COM 转接器		1	驱动文件见附录
H3C MSR20-40	CMW5.2-R1618P13-Standard	1	至少包含 2 个以太网口
PC	Windows XP SP3	2	
Console 配置线	—	1	
五类 UTP 以太网线		2	

9.6　命令列表

命　令	视　图	描　述
ip address *ip-address*〔*mask*｜*mask-length*〕	接口视图	配置接口的 IP 地址
display arp all	任意视图	查看 ARP 表项

9.7　实训过程

本实训约需 4 个学时。

 实训任务一:ARP 表项观察

步骤一:运行 SecureCRT 5.1 并初始化路由器配置

将 PC(或终端)的串口通过标准 Console 电缆与路由器的 Console 口连接。电缆的 RJ-45 头一端连接路由器的 Console 口;9 针 RS-232 接口一端连接计算机的串行口。

检查设备的软件版本及配置信息,确保各设备软件版本符合要求,所有配置为初始状态。

具体做法如下:

在 PCA 上打开超级终端,连上网络设备,进行如下配置:

＜H3C＞reset saved-configuration　// 在用户视图下,擦除 flash 中原来的配置文件

＜H3C＞reboot　　　　　　　　　　 // 在用户视图下,重新启动设备

步骤二:配置 PC 及路由器的 IP 地址

表 9-2　IP 地址列表

设备名称	接口	IP 地址
PCA	—	172.16.0.1/24
PCB	—	172.16.1.1/24
RTA	E0/0	172.16.0.254/24
	E0/1	172.16.1.254/24

- 根据表 9 - 2 所示在 PC 上配置 IP 地址和掩码。配置完成后，在 PCA 的"命令提示符"窗口（单击"开始"→"运行"→键入"cmd"）下，键入命令 ipconfig /all 命令来验证 PC 的 IP 地址是否配置正确（截图并填空）。根据其输出信息回答下面的问题：

IP Address _____;Subnet Mask _____,

Default Gateway _____,

Physical Address :_____。

- 类似 PCA 的操作，PCB 的显示结果是（截图并填空）：

IP Address _____;Subnet Mask _____,

Default Gateway _____,

Physical Address :_____。

- 在路由器的配置窗口中使用_____命令，进入系统视图，再使用_____命令给路由器命名为 RTA_yourname2，RTA 的接口上配置 IP 地址及掩码，请在下面的空格中补充完整的命令：（截图并填空）

[RTA_yourname] interface Ethernet 0/0

[RTA_yourname-Ethernet0/0] ip address _____

[RTA_yourname] interface Ethernet 0/1

[RTA_yourname-Ethernet 0/1]_____

步骤三:查看 ARP 信息

- 在 RTA 上执行命令 display interface Ethernet 0/0，根据该命令的输出信息，填写如下空格：（截图并填空）

Internet Address is _____,Primary

IP Packet Frame Type:PKTFMT_ETHNT_2, Hardware Address:_____。

- 在 RTA 上执行命令 display interface Ethernet 0/1，根据该命令的输出信息，填写如下空格：（截图并填空）

Internet Address is _____,Primary

IP Packet Frame Type:PKTFMT_ETHNT_2, Hardware Address:_____。

　　每组中的一位同学，根据以上截图信息，做一张表，表的内容是 PC 及 RTA 的 IP 地址与 MAC 地址对应关系，请补充表 9-3 中空格处的 MAC 地址：

表 9-3　IP 地址与 MAC 地址对应关系列表

设备名称	接口	IP 地址	MAC 地址
PCA	—	172. 16. 0. 1/24	
PCB	—	172. 16. 1. 1/24	
RTA	E0/0	172. 16. 0. 254/24	
RTA	E0/1	172. 16. 1. 254/24	

- 分别在 PCA 和 PCB 的"命令提示符"窗口下用 ping 命令来测试 PC 到 RTA 的可达性，以使 PC 及 RTA 建立 ARP 表项。
- 测试后，分别在 PCA、PCB"命令提示符"窗口和 RTA 配置窗口中查看 ARP 表项信息，分别在 PCA 和 PCB 的"命令提示符"窗口下用"arp-a"命令来查看 ARP 表项信息，根据该命令的输出信息，请填写如下空格：（截图并填空）

- PCA 的输出信息：

Internet Address　Physical Address　Type

＿＿＿＿＿＿＿＿＿，＿＿＿＿＿＿＿＿＿＿，＿＿＿＿＿，

- PCB 的输出信息：

Internet Address　Physical Address　Type

＿＿＿＿＿＿＿＿＿，＿＿＿＿＿＿＿＿＿＿，＿＿＿＿＿，

- 在 RTA 上可以在＿＿＿＿＿＿视图下执行＿＿＿＿＿＿命令查看路由器所有的 ARP 表项，
请执行该命令并根据其输出信息补充如下的空格：（截图并填空）

IP Address　MAC Address　VLAN ID　Interface　Aging　　Type

172.16.0.1 ＿＿＿＿＿＿，　　N/A　　E0/0　　＿＿＿＿＿＿，＿＿＿＿＿＿，

172.16.1.1 ＿＿＿＿＿＿，　　N/A　　E0/0　　＿＿＿＿＿＿，＿＿＿＿＿＿，

如上输出信息中，type 字段的含义是 <u>D 表示动态，S 表示静态，A 表示授权</u>，Aging 字段
的含义是动态 ARP 表项的老化时间。

把所做的与 PC 及 RTA 上的 ARP 表项对比一下。可知，PC 及 RTA ＿＿＿＿＿＿（能/不
能）建立正确的 ARP 表项，表项中包含了 IP 地址和对应的 MAC 地址。

实验任务二：ARP 代理配置

本实训通过在设备上配置 ARP 代理，使设备能够对不同子网间的 ARP 报文进行转
发，使学生能够了解 ARP 代理的基本工作原理，掌握 ARP 代理的配置方法。

步骤一：运行 SecureCRT 5.1 并初始化路由器配置

将 PC（或终端）的串口通过标准 Console 电缆与路由器的 Console 口连接。电缆的
RJ-45 头一端连接路由器的 Console 口；9 针 RS-232 接口一端连接计算机的串行口。

检查设备的软件版本及配置信息，确保各设备软件版本符合要求，所有配置为初始
状态。

具体做法如下：

在 PCA 上打开超级终端，连上网络设备，进行如下配置：

```
<H3C>reset saved-configuration    // 在用户视图下，擦除 flash 中原来的配置文件
<H3C> reboot                      // 在用户视图下，重新启动设备
```

步骤二：配置 PC 及路由器的 IP 地址

表 9-4　IP 地址列表

设备名称	接口	IP 地址
PCA	—	172.16.0.1/16
PCB	—	172.16.1.1/16
RTA	E0/0	172.16.0.254/24
	E0/1	172.16.1.254/24

根据表 9-4 所示在 PC 上配置 IP 地址和掩码。配置完成后，在 PC 的"命令提示符"窗
口下，键入命令 ipconfig 来验证 PC 的 IP 地址是否配置正确。根据其输出信息回答下面的

问题：

　　• PCA 的显示结果是（截图并填空）：

IP Address _____;Subnet Mask _____,

Default Gateway _____,

Physical Address :_____。

　　• 类似 PCA 的操作，PCB 的显示结果是（截图并填空）：

IP Address _____;Subnet Mask _____,

Default Gateway _____,

Physical Address :_____。

　　• 在路由器的配置窗口中使用_____命令，进入系统视图，再使用_____命令给路由器命名为 RTA_yourname2，RTA 的接口上配置 IP 地址及掩码，请在下面的空格中补充完整的命令：（截图并填空）

［RTA_yourname］interface Ethernet 0/0

［RTA_yourname-Ethernet0/0］ip address _____

［RTA_yourname］interface Ethernet 0/1

［RTA_yourname-Ethernet 0/1］_____

步骤三：配置 ARP 代理

在 PCA 和 PCB 上通过 ping 来检测它们之间是否可达，检测的结果是_____（截图并填空）。

导致这种结果的原因是：_____ 。

在 RTA 上配置 ARP 代理 ，请在下面的空格处补充完整的命令：

［RTA］interface Ethernet 0/0

［RTA-Ethernet0/0］_____

［RTA］interface Ethernet 0/1

［RTA-Ethernet0/1］_____

配置完成后，在 PCA 上用 ping 命令测试到 PCB 的可达性，其结果是_____（截图并填空）

步骤四：查看 ARP 信息

在 PCA 上查看 ARP 表项（截图并填空），根据其输出信息补充如下的空格：

Internet Address　　Physical Address　　Type

_____,_____,_____,_____,

ARP 表项中 PCB 的 IP 地址对应的 MAC 地址与_____ MAC 地址相同，由此可以看出，_____接口执行了 ARP 代理功能，为 PCA 发出的 ARP 请求提供了代理应答。

在 PCB 上查看 ARP 表项，可以看到 ARP 表项中 PCA 的 IP 地址对应的 MAC 地址与_____ MAC 地址相同。

在 RTA 上通过可以通过_____令查看 ARP 表项，其输出结果与实训一的比较结果是：_____（相同/不同）。

9.8　思考题

在实训任务二的步骤三中,没有在 RTA 上启用 ARP 代理功能之前,在 PCA 上通过 arp-a 查看 PCA 的 ARP 表项,输出信息是什么?

答:查看到 PCA 的 ARP 表项的输出信息是:

Interface :172. 16. 0. 1----0x2

Interface Address	Physical Address	Type
172. 16. 0. 1	00-00-00-00-00-00	invalid

项目 10　搭建 DHCP 服务器

10.1　实训目标

➢ 了解 DHCP 协议工作原理
➢ 掌握设备作为 DHCP 服务器的常用配置命令

10.2　项目背景

某网吧采用三层交换机构建局域网。从易于维护管理的角度出发，要求每台计算机可以动态获得 IP 地址。同时出于成本上的考虑，可以直接利用 H3C 三层交换机提供 DHCP Server 功能而无须增加额外的 DHCP 服务器设备。

10.3　知识背景

1. DHCP 简介

动态主机配置协议（Dynamic Host Configuration Protocol，DHCP）采用客户端/服务器通信模式，由客户端向服务器提出配置申请，服务器返回如 IP 地址、子网掩码、默认网关和 DNS 服务器等相应的配置信息。客户端执行辅助的信息验证，如果配置信息正确，那么客户端将利用所获得的信息进行后续的数据通信。

DHCP 采用 UDP 封装。UDP 端口 67 和 UDP 端口 68 分别为 DHCP Server 和 DHCP Client 的服务端口。

DHCP 客户端完全通过自动的方式获得所需要的参数，网络管理人员和维护人员的工作压力得到了很大程度上的减轻。

在 DHCP 的典型应用中，一般包含一台 DHCP 服务器（DHCP Server）和多台客户端（DHCP Client）。其中：

- DHCP Server：DHCP 运行在 Client/Server 模式。DHCP Server 通常是一台服务器或网络设备，负责提供网络设置参数给 DHCP Client。
- DHCP Client：DHCP Client 通过 DHCP 协议向 DHCP Server 获得网络配置参数，通常是一台主机或网络设备。

DHCP 分配 IP 地址有三种机制。

- 自动分配方式（Automatic Allocation），DHCP 服务器为主机指定一个永久性的 IP 地址，一旦 DHCP 客户端第一次成功从 DHCP 服务器端租用到 IP 地址后，就可以永久性地使用该地址。

- 动态分配方式(Dynamic Allocation),DHCP 服务器给主机指定一个具有时间限制的 IP 地址,时间到期或主机明确表示放弃该地址时,该地址可以被其他主机使用。
- 手工分配方式(Manual Allocation),客户端的 IP 地址是由网络管理员指定的,DHCP服务器只是将指定的 IP 地址告诉客户端主机。

上述三种地址分配方式中,只有第二种方式动态分配可以重复使用客户端不再需要的地址。

2. DHCP 的工作原理

DHCP 具体的交互过程如下。

(1) DHCP Client 以广播的方式发出 DHCP Discover 报文。

(2) 所有的 DHCP Server 都能够接收到 DHCP Client 发送的 DHCP Discover 报文,所有的 DHCP Server 都会给出响应,向 DHCP Client 发送一个 DHCP Offer 报文。

(3) DHCP Offer 报文中"Your(Client) IP Address"字段就是 DHCP Server 能够提供给 DHCP Client 使用的 IP 地址,且 DHCP Server 会将自己的 IP 地址放在"option"字段中以便 DHCP Client 区分不同的 DHCP Server。DHCP Server 在发出此报文后会存在一个已分配 IP 地址的记录。

(4) DHCP Client 只能处理其中的一个 DHCP Offer 报文,一般的原则是 DHCP Client 处理最先收到的 DHCP Offer 报文。

(5) DHCP Client 会发出一个广播的 DHCP Request 报文,在选项字段中会加入选中的 DHCP Server 的 IP 地址和需要的 IP 地址。

(6) DHCP Server 收到 DHCP Request 报文后,判断选项字段中的 IP 地址是否与自己的地址相同。如果不相同,DHCP Server 不做任何处理只清除相应 IP 地址分配记录;如果相同,DHCP Server 就会向 DHCP Client 响应一个 DHCP ACK 报文,并在选项字段中增加 IP 地址的使用租期信息。

(7) DHCP Client 接收到 DHCP ACK 报文后,检查 DHCP Server 分配的 IP 地址是否能够使用。如果可以使用,则 DHCP Client 成功获得 IP 地址并根据 IP 地址使用租期自动启动续延过程;如果 DHCP Client 发现分配的 IP 地址已经被使用,则 DHCP Client 向 DHCPServer 发出 DHCP Decline 报文,通知 DHCP Server 禁用这个 IP 地址,然后 DHCP Client 开始新的地址申请过程。

(8) DHCP Client 在成功获取 IP 地址后,随时可以通过发送 DHCP Release 报文释放自己的 IP 地址,DHCP Server 收到 DHCP Release 报文后,会回收相应的 IP 地址并重新分配。

需要注意的是:在使用租期超过 50% 时刻处,DHCP Client 会以单播形式向 DHCP Server 发送 DHCP Request 报文来续租 IP 地址。如果 DHCP Client 成功收到 DHCP Server 发送的 DHCP ACK 报文,则按相应时间延长 IP 地址租期;如果没有收到 DHCP Server 发送的 DHCP ACK 报文,则 DHCP Client 继续使用这个 IP 地址。

在使用租期超过 87.5% 时刻处,DHCP Client 会以广播形式向 DHCP Server 发送 DHCP Request 报文来续租 IP 地址。如果 DHCP Client 成功收到 DHCP Server 发送的

DHCP ACK 报文,则按相应时间延长 IP 地址租期;如果没有收到 DHCP Server 发送的 DHCP ACK 报文,则 DHCP Client 继续使用这个 IP 地址,直到 IP 地址使用租期到期时, DHCP Client 才会向 DHCP Server 发送 DHCP Release 报文来释放这个 IP 地址,并开始新 的 IP 地址申请过程。

3. DHCP 中继

DHCP 中继(DHCP Relay)也叫作 DHCP 中继代理。

如果 DHCP 客户机与 DHCP 服务器在同一个物理网段,则客户机可以正确地获得动 态分配的 IP 地址。如果不在同一个物理网段,则需要 DHCP Relay 代理。用 DHCP Relay 代理可以去掉在每个物理的网段都要有 DHCP 服务器的必要,它可以传递消息到不在同一 个物理子网的 DHCP 服务器,也可以将服务器的消息传回给不在同一个物理子网的 DHCP 客户机。

其具体工作过程(如图 10-1 所示)如下。

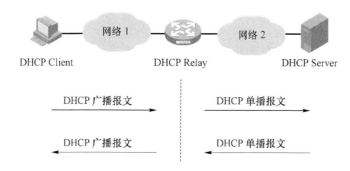

图 10-1　DHCP 中继的工作原理

(1) 当 DHCP Client 启动并进行 DHCP 初始化时,它会在本地网络广播配置请求 报文。

(2) 如果本地网络存在 DHCP Server,则可以直接进行 DHCP 配置,不需要 DHCP Relay。

(3) 如果本地网络没有 DHCP Server,则与本地网络相连的具有 DHCP Relay 功能的 网络设备收到该广播报文后,将进行适当处理并转发给指定的其他网络上的 DHCP Server。

(4) DHCP Server 根据 DHCP Client 提供的信息进行相应的配置,并通过 DHCP Relay 将配置信息发送给 DHCP Client,完成对 DHCP Client 的动态配置。

事实上,从开始到最终完成配置,需要多个这样的交互过程。DHCP Relay 设备修改 DHCP 消息中的相应字段,把 DHCP 的广播包改成单播包,并负责在服务器与客户机之间 转换。

在 DHCP 客户端看来,DHCP 中继代理就像 DHCP 服务器;在 DHCP 服务器看来, DHCP 中继代理就像 DHCP 客户端。

4. DHCP 的适用场合

通常,在以下场合利用 DHCP 来完成 IP 地址分配较为合适。

(1) 网络规模较大,手工配置需要很大的工作量,并难以对整个网络进行集中管理。

（2）网络中主机数目大于该网络支持的 IP 地址数量，无法给每个主机分配一个固定的 IP 地址，且对同时接入网络的用户数目也有限制。Internet 接入服务提供商即属于这种情况。

（3）网络中只有少数主机需要固定的 IP 地址，大多数主机没有固定的 IP 地址需求。

10.4 实训环境

组网如图 10-2 和图 10-3 所示。

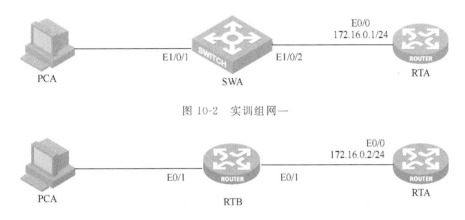

图 10-2 实训组网一

图 10-3 实训组网二

（注意：设备接口的对应关系）

10.5 实训设备

实训设备如表 10-1 所示。

表 10-1 实训设备器材

名称和型号	版本	数量	描述
USB-COM 转接器		1	驱动文件见附录
H3C MSR20-40	CMW5.2-R1618P13-Standard	2	
H3C S3610	CMW5.20 Release 5306	1	
PC	Windows XP SP3	1	
Console 配置线	—	1	
五类 UTP 以太网线		2	

10.6 命令列表

命令列表如表 10-2 所示。

表 10-2　命令列表

命　令	描　述
dhcp enable	使能 DHCP 服务
network *network-address* [*mask-length*	mask *mask*]	配置动态分配的 IP 地址范围
gateway-list *ip-address*	配置为 DHCP 客户端分配的网关地址
dhcp server forbidden-ip *low-ip-address* [*high-ip-address*]	配置 DHCP 地址池中不参与自动分配的 IP 地址
dhcp server ip-pool *pool-name*	创建 DHCP 地址池
dhcp relay server-group *group-id* ip *ip-address*	配置 DHCP 服务器组中 DHCP 服务器的 IP 地址
dhcp select relay	配置接口工作在 DHCP 中继模式
dhcp relay server-select *group-id*	配置接口与 DHCP 组关联
display dhcp server forbidden-ip	查看 DHCP 服务器禁止分配的 IP 地址
display dhcp server free-ip	查看 DHCP 服务器可供分配的 IP 地址资源
display dhcp server ip-in-use all	查看 DHCP 地址池的地址绑定信息
display dhcp relay{ all	*interface interface-type interface-number* }	查看接口对应的 DHCP 服务器组的信息
display dhcp relay server-group { *group-id* |all }	查看 DHCP 服务器组中服务器的 IP 地址
display dhcp relay statistics [server-group { *group-id*	all }]	查看 DHCP 中继的相关报文统计信息
display dhcp server statistics	查看 DHCP 服务器的统计信息

10.7　实训过程

本实训约需 2 个学时。

 实训任务一:PCA 直接通过 RTA 获得 IP 地址

本实训通过配置 DHCP 客户机从处于同一子网中的 DHCP 服务器获得 IP 地址、网关等信息,使学生能够掌握路由器上 DHCP 服务器的配置。

步骤一:建立物理连接并初始化路由器配置

按图 10-1 拓扑进行物理连接并检查设备的软件版本及配置信息,确保各设备软件版本符合要求,所有配置为初始状态。如果配置不符合要求,请学生在用户视图下擦除设备中的配置文件,然后重启设备以使系统采用缺省的配置参数进行初始化。

在 PC 桌面上运行【开始】→【SecureCRT 5.1】,注意选择正确的参数(即选择 Serial 端口,COM1,速率 9 600,无流控)。

打开路由器的配置界面后,为确保各设备软件版本符合要求,所有配置为初始状态,运行步骤如下:

<H3C>reset saved-configuration　　// 在用户视图下,擦除 flash 中原来的配置文件

<H3C> reboot　　　　　　　　　　// 在用户视图下,重新启动设备

步骤二:在设备上配置 IP 地址及路由

- 使用 system-view 命令,进入系统视图,再使用 sysname 命令给路由器命名为 RTA_yourname2,在 RTA 的 E0/0 接口上配置 IP 地址及掩码,即配置 RTA 接口 E0/0 的 IP 地址为 172.16.0.1/24。请在如下空格中补充完整命令:(截图并填空)

[RTA_yourname] interface Ethernet 0/0

[RTA_yourname-Ethernet 0/0]_____

- 交换机 E126 采用出厂默认配置,不做任何配置,在这种情况下,交换机所有的端口都属于 VLAN ＿1＿;

步骤三:配置 RTA 作为 DHCP 服务器

配置 RTA 为 DHCP 服务器,给远端的 PC A 分配 IP 网段为 172.16.0.0/24 的地址。请补充下面空格中缺省的命令:(截图并填空)

- 配置 RTA:

[RTA]_____ ;// 启动 DHCP 服务

[RTA]dhcp server forbidden-ip 172.16.0.1

//如上配置命令的含义是_____;

[RTA]dhcp server ip-pool 1

//如上命令中数值 1 的含义是_____;

[RTA-dhcp-pool-1] network _____ mask _____

[RTA-dhcp-pool-l]gateway-list _____

配置完成后,通过 display current-configuration 命令查看配置的正确性。

步骤四:PCA 通过 DHCP 服务器获得 IP 地址

在 Windows 操作系统的"控制面板"中选择"网络和 Internet 连接",选取"网络连接"中的"本地连接",单击【属性】,在弹出的窗口中选择"Internet 协议(TCP/IP)",单击【属性】,出现界面如图 10-4 所示。

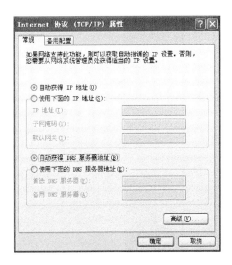

图 10-4　Internet 协议(TCP/IP)属性

如图 10-4 所示,选中【自动获得 IP 地址】和【自动获得 DNS 服务器地址】并确定,以确保 PCA 配置为 DHCP 客户端。在 PCA 的"命令提示符"窗口下,键入命令 ipconfig 验证 PCA 能否获得 IP 地址和网关等信息。其输出的显示结果是:(截图并填空)

IP Address _____ ;Subnet Mask _____ ;

Default Gateway _____ ;

如果无法获得 IP,请检查线缆连接是否正确,然后在"命令提示符"窗口下用 ipconfig / renew 命令来使 PCA 重新发起 DHCP 请求。

步骤五:查看 DHCP 服务器相关信息

- 在 RTA 上用_____命令来查看 DHCP 服务器禁止分配的 IP 地址,执行该命令根据其输出信息可以看到 IP 地址_____被服务器禁止分配。(截图并填空)

- 在 RTA 上用_____命令来查看 DHCP 服务器可供分配的 IP 地址资源。(截图方式)

- 在 RTA 上用_____命令来查看 DHCP 地址池的地址绑定信息,执行该命令,根据其输出信息可以看到 PCA 的 MAC 地址绑定的 IP 地址为_____。(截图并填空)

 实训任务二:PCA 通过 DHCP 中继方式获得 IP 地址

本实训通过配置 DHCP 客户机从处于不同子网的 DHCP 服务器获得 IP 地址、网关等信息,使学生能够掌握路由器上 DHCP 中继的配置。

步骤一:建立物理连接并初始化路由器配置

按图 10-3 拓扑进行物理连接并检查设备的软件版本及配置信息,确保各设备软件版本符合要求,所有配置为初始状态。如果配置不符合要求,请学生在用户视图下擦除设备中的配置文件,然后重启设备以使系统采用缺省的配置参数进行初始化。

打开路由器的配置界面后,要确保各设备软件版本符合要求,所有配置为初始状态。

步骤二:在设备上配置 IP 地址及路由

表 10-3　设备 IP 地址列表

设备名称	接口	IP 地址
RTA	E0/0	172.16.0.2/24
RTB	E0/0	172.16.1.1/24
	E0/1	172.16.0.1/24

- 使用 system-view 命令,进入系统视图,再使用 sysname 命令给路由器命名为 RTA_yourname(或 RTB_yourname),再按表 10-3 在路由器上配置 IP 地址。请在如下空格中补充完整命令:(截图并填空)

[RTA_yourname] interface Ethernet 0/0

[RTA_yourname-Ethernet 0/0]_____

[RTB_yourname] interface Ethernet 0/0

〔RTB_yourname-Ethernet 0/0〕_____

〔RTB_yourname〕interface Ethernet 0/1

〔RTB_yourname-Ethernet 0/0〕_____

- 在 RTB 上配置静态路由,下一跳指向 RTA。

〔RTB_yourname〕ip route-static 0.0.0.0 0.0.0.0 172.16.0.2

- 在 RTA 上配置静态路由,下一跳指向 RTB。

〔RTB_yourname〕ip route-static 172.16.1.0 255.255.255.0 172.16.0.1

步骤三:在 RTA 上配置 DHCP 服务器,并在 RTB 上配置 DHCP 中继

- 配置 RTA 为 DHCP 服务器,给远端的 PCA 分配 IP 网段为 172.16.1.0/24 的地址,请在如下空格中补充完整命令:(截图并填空)

〔RTA〕_____ // 启动 DHCP 服务

〔RTA〕server forbidden-ip _____

〔RTA〕server forbidden-ip 192.168.1.254

〔RTA〕dhcp server _____

〔RTA-dhcp-pool-0〕network _____ mask _____

〔RTA-dhcp-pool-0〕gateway-list _____

- 配置 RTB 为 DHCP 中继,请在如下空格中补充完整命令:(截图并填空)

〔RTB〕dhcp _____

〔RTB〕dhcp relay server-group 1 ip _____

上述命令中数字 1 的含义是_____

〔RTB〕interface ethernet 0/0

〔RTB-Ethernet0/0〕dhcp select _____

〔RTB-Ethernet0/0〕dhcp relay server-select _____

步骤四:PCA 通过 DHCP 中继获取 IP 地址

断开 PCA 与 RTB 之间的连接线缆,再接上,以使 PCA 重新发起 DHCP 请求。

完成重新获取 IP 地址后,在 PCA 的"命令提示符"窗口下,输入 ipconfig 来验证 PCA 能否获得 IP 地址和网关等信息,其输出信息显示为:(截图并填空)

IP Address _____;Subnet Mask _____;

Default Gateway _____;

步骤五:查看 DHCP 中继相关信息

在 RTB 上通过_____命令查看 DHCP 中继服务器组的信息(截图并填空),通过_____命令查看接口对应的 DHCP 中继服务器组的信息。(截图并填空)

10.8 思考题

如果设置 RTA 的 DHCP 地址池为 192.168.0.0/24,那么 PCA 能否获得该子网的 IP 地址? 为什么?

项目 11 搭建 FTP/TFTP 服务器

11.1 实训目标

> 掌握 FTP 和 TFTP 的操作
> 掌握 FTP 和 TFTP 的工作原理

11.2 项目背景

某公司欲将本公司局域网内的一台路由器搭建为一台简单的 FTP 服务器,公司内员工可以通过 FTP 服务上传或下载路由器上的公共文件,为了安全起见,为每个员工设置对应的用户名及密码,并设置相应合适的访问权限。

11.3 知识背景

1. FTP 简介

文件传输协议(File Transfer Protocol,FTP)用于在 FTP 服务器和 FTP 客户端之间传输文件,是 IP 网络上传输文件的通用协议。

FTP 协议使用 TCP 端口 20 和 21 进行传输。端口 20 用于传输数据,端口 21 用于传输控制消息。FTP 协议基本操作在 RFC959 中进行了描述。

2. FTP 的文件传输模式

FTP 有两种文件传输模式:

- 二进制模式,用于传输程序文件(比如后缀名为 .app、.bin 和 .btm 的文件);
- ASCII 码模式,用于传输文本格式的文件(比如后缀名为 .txt、.bat 和 .cfg 的文件)。

(注:缺省情况下,FTP 服务器传输模式为 ASCII 码模式。)

3. FTP 的工作方式

数据连接时,FTP 有两种工作方式。

- 主动方式(PORT):是 FTP 协议最初定义的数据传输方式。建立数据连接时,由 FTP 服务器首先发起连接请求,当 FTP 客户端处于防火墙后时不适用(如 FTP 客户端处于私网内)。

主动传输方式的工作过程如图 11-1 所示。在第②步中,FTP 控制通道建立后,FTP 客户端会通过 FTP 控制连接向 FTP 服务器发送 PORT 命令,PORT 命令携带如下格式的参数 PORT $(A1,A2,A3,A4,P1,P2)$,其中 $A1,A2,A3,A4$ 表示需要建立数据连接的主机 IP

地址,而 P1 和 P2 表示客户端用于传输数据的临时端口号,临时端口号的数值为 256 * P1+P2。当需要传送数据时,服务器通过 TCP 端口号 20 与客户端提供的临时端口建立数据传输通道,完成数据传输。

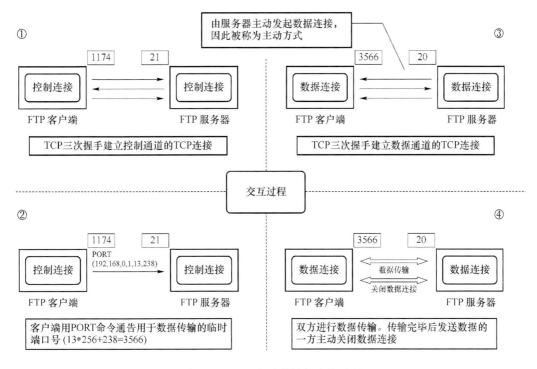

图 11-1　FTP 主动传输的连接过程

- 被动方式(PASV):建立数据连接时,由 FTP 客户端发起连接请求,当 FTP 服务器限制客户端连接其高位端口(一般情况下大于 1024)时不适用。

主动传输方式的工作过程如图 11-2 所示,在第②步中,FTP 控制通道建立后,FTP 客户端会利用控制通道向 FTP 服务器发送 PASV 命令,告知服务器进入被动方式传输。服务器选择临时端口号并告知客户端,一般采用如下形式命令:Entering Passive Mode(A1,A2,A3,A4,P1,P2),其中 A1,A2,A3,A4 表示服务器的 IP 地址,P1,P2 表示服务器的临时端口号,数值为 256 * P1+P2。当需要传送数据时,客户端主动与服务器的临时端口建立数据传输通道,并完成数据传输。

注意:是否使用被动方式由 FTP 客户端程序决定,不同 FTP 客户端软件对 FTP 工作方式的支持情况可能不同,请在使用时以软件的实际情况为准。网络设备可以作为 FTP 服务器,也可以作为 FTP 客户端。

4. TFTP 简介

简单文件传输协议(Trivial File Transfer Protocol,TFTP)是一个用来在客户机与服务器之间进行简单文件传输的协议,提供不复杂、开销不大的文件传输服务。TFTP 基于的传输层协议为 UDP,端口号 69,采用 C/S(客户端/服务器)的工作模式。

由于此协议设计的时候是进行小文件传输的,因此 TFTP 不具备通常的 FTP 的许多功能,它只能从文件服务器上获得或写入文件,不能列出目录,不能进行认证,它传输 8 位数

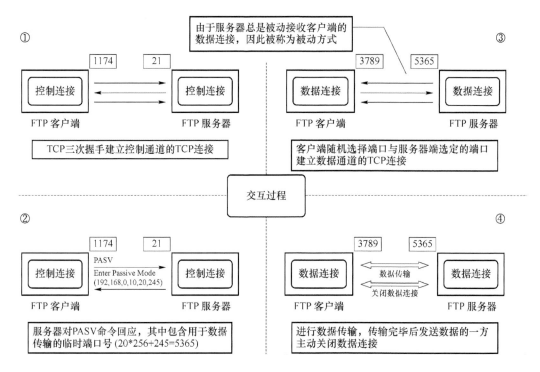

图 11-2　FTP 被动传输的连接过程

据。传输中有三种模式：第一种是 netascii，这是 8 位的 ASCII 码形式，对应 FTP 中的 ASCII 模式，传输文本文件；另一种是 octet，这是 8 位源数据类型，对应 FTP 中的二进制流模式，传输程序文件；最后一种 mail 已经不再支持，它将返回的数据直接返回给用户而不是保存为文件。

　　TFTP 的数据传输总是由客户端发起的，当需要下载文件时，由客户端向 TFTP 服务器发送读请求包，然后从服务器接收数据，并向服务器发送确认；当需要上传文件时，由客户端向 TFTP 服务器发送写请求包，然后向服务器发送数据，并接收服务器的确认。

　　TFTP 报头中包括两个字节的操作码（opcode operation），此码指出了包的类型：Read request（RRQ）、Write request（WRQ）、Data（DATA）、Acknowledgment（ACK）、Error（ERROR）。

　　对于读请求（RRQ）和写请求（WRQ），操作码字段取值分别为 1 和 2，文件名字段说明客户要读或写的位于服务器上的文件，文件名字段以 0 字节作为结束。方式字段填写的是一个 ASCII 码字符串 netascii 或 octet（可大小写任意组合），同样以 0 字节结束。操作码为 3 的报文是数据报文，数据报文中包含 2 个字节的块编号，块编号需要在确认报文中使用。操作码为 4 的报文是数据的确认报文。操作码为 5 的报文是差错报文，它用于服务器不能处理读请求或写请求的情况。在文件传输过程中读和写差错也会导致传送这种报文，数据传输随即停止，差错报文不会被确认，也不会重传。

　　每次 TFTP 发送的数据报文中包含的文件块大小固定为 512 字节，如果文件长度恰好是 512 字节的整数倍，那么在文件传送完毕后，发送方还必须在最后发送一个不包含数据的数据报文，用来表明文件传输完毕。如果文件长度不是 512 字节的整数倍，那么最后传送的数据报文所包含的文件块必定小于 512 字节,这正好作为文件结束的标志。

TFTP 协议的作用和我们经常使用的 FTP 大致相同,都是用于文件传输,可以实现网络中两台计算机之间的文件上传与下载。可以将 TFTP 协议看作是 FTP 协议的简化版本。TFTP 协议与 FTP 协议的不同点如下。

(1) TFTP 协议不需要验证客户端的权限,FTP 需要进行客户端验证。

(2) TFTP 协议一般多用于局域网以及远程 UNIX 计算机中,而常见的 FTP 协议则多用于互联网中。

(3) FTP 客户与服务器间的通信使用 TCP,而 TFTP 客户与服务器间的通信使用的是 UDP。

(4) TFTP 只支持文件传输。也就是说,TFTP 不支持交互,而且没有一个庞大的命令集。最为重要的是,TFTP 不允许用户列出目录内容或者与服务器协商来决定哪些是可得到的文件。

TFTP 的适用于如下场合。

(1) TFTP 可用于 UDP 环境;如当需要将程序或者文件同时向许多机器下载时往往需要使用到 TFTP 协议。

(2) TFTP 代码所占的内存较小,这对于较小的计算机或者某些特殊用途的设备来说是很重要的,这些设备不需要硬盘,只需要固化了 TFTP、UDP 和 IP 的小容量只读存储器即可。当电源接通后,设备执行只读存储器中的代码,在网络上广播一个 TFTP 请求。网络上的 TFTP 服务器就发送响应,其中包括可执行二进制程序。设备收到此文件后将其放入内存,然后开始运行程序。这种方式增加了灵活性,也减少了开销。

11.4 实训环境

图 11-3 实训组网

11.5 实训设备

本实训所需主要设备及线缆如表 11-1 所示。

表 11-1 设备器材列表

名称和型号	版本	数量	描述
USB-COM 转接器		1	驱动文件见附录
H3C S3610	CMW5.20 Release 5306	1	
PC	Windows XP SP3	1	
Console 配置线	—	1	
五类 UTP 以太网线		2	

11.6 命令列表

本实训所用到的命令如表 1-2 所示。

表 11-2 命令列表

命 令	描 述
ftp server enable	启动 FTP 服务器功能
local-user *user-name*	创建本地用户
password ｛ simple ｜ cipher ｝ *password*	设置当前本地用户的密码
service-type ftp［ftp-directory *directory*］	设置服务类型并指定可访问的目录
level *level*	设置本地用户的权限级别
tftp *server-address* ｛ get ｜ put ｜ sget ｝ *source-filename*［ *destination-filename*］	配置路由器作为 TFTP 客户端

11.7 实训过程

本实训约需 4 学时。

 实训任务一:FTP 操作与分析

本实训将路由器配置为 FTP 服务器,PC 作为 FTP 客户端连接到路由器,利用 FTP 协议在 PC 与路由器之间传输文件。期间通过报文分析软件对 FTP 协议的连接建立和文件传输过程进行观察,从而掌握 FTP 协议的工作原理。

步骤一:建立物理连接

按照图 13-1 进行连接,并检查设备的软件版本及配置信息,确保各设备软件版本符合要求,所有配置为初始状态。如果配置不符合要求,请读者在用户模式下擦除设备中的配置文件,然后重启设备,以使系统采用缺省的配置参数进行初始化。

步骤二:IP 地址配置

按表 11-3 所示在 PC 及路由器上配置 IP 地址。

表 11-3 IP 地址列表

设备名称	接口	IP 地址	网关
PCA	—	10.0.0.2/24	10.0.0.1
RTA	E0/0	10.0.0.1/24	—

- 对于路由路由器 RTA,使用 system-view 命令,进入系统视图,再使用 sysname 命令给路由器命名为 RTA_yourName,在 RTA 的 E0/0 接口上配置 IP 地址及掩码,即配置 RTA 接口 E0/0 的 IP 地址为 10.0.0.1/24。请在如下空格中补充完整命令: (截图并填空)

［RTA_yourName］interface Ethernet _____

［RTA_yourName-Ethernet 0/0］_____

- 对于 PCA,在 Windows 操作系统的"控制面板"中选择"网络和 Internet 连接",选取"网络连接"中的"本地连接",单击【属性】,在弹出的窗口中选择"Internet 协议(TCP/IP)",单击【属性】,按上述表 13-2 所示设置,注意网关的设置。(截图)

步骤三:报文分析软件配置

因为在本实训中,需要对 PC 与路由器间的 FTP 协议交互报文进行观察,所以要首先会使用报文分析软件进行相应的报文截获。报文分析软件有多种,较多使用的有 Ethereal、Snifer 等。本实训以较常用的开源软件 Ethereal 为例,简单描述相关配置。

首先将软件 ethereal-setup-0.10.12_ttdown,安装在 PC 上,按默认步骤即可。然后打开软件,按照下述步骤操作:

(1) 在主菜单下选取【Capture】,在弹出的下拉式菜单中单击【Option】,在【Interface】项中,选择使用当前的网卡(如图 11-4 所示),然后单击【Start】。软件开始进行报文截获。

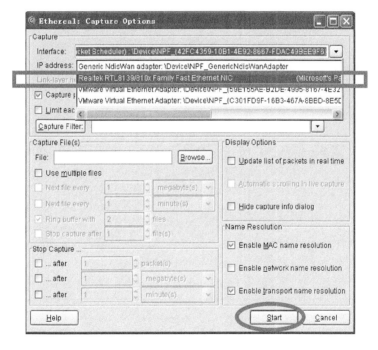

图 11-4　报文分析软件

(2) 截获到所需报文后,单击【Stop】以停止截获,然后查看报文的详细信息。

(3) 熟悉软件操作后,请先关闭该软件。

步骤四:FTP 服务器端配置

请在路由器 RTA 的系统视图下,使能路由器的 FTP 服务器功能,并在下面的空格中写出完整的命令。(截图并填空)

_____,

然后在路由器上创建本地用户(例如:自己姓名全拼)并设置相应的密码(例如:自己的学号)、服务类型、权限等参数,并在下面的空格中写出完整的命令。(截图并填空)

_____，

_____，

_____，

_____。

配置完成后,要注意保存(save)。

步骤五:使用 FTP 下载文件

在 PCA 的 Windows 操作系统上单击【开始】,单击【运行】,在弹出的对话框中输入命令"cmd",进入命令行界面下。同时,按照步骤二中的方法,将报文分析软件打开,并开始进行报文捕获。

在 PC 的命令行界面下,键入命令"ftp 10.0.0.1"连接到 FTP 服务器。请按照系统的提示来输入相应的用户名和密码。(截图并填空)

用户名:_____，

密　码:_____，

正常情况下,PCA 现在已经通过 FTP 协议连接到 RTA 上。现在需要把 RTA 上的文件下载到 PCA 上。在命令行下输入命令"ls"来查看 RTA 上的文件名,并在下面的空格中写出看到的后缀名称为.cfg 的文件名。(截图并填空)

_____，

将上述某个后缀名称为.cfg 的文件下载到本地。在下面的空格中写出所使用的命令:(截图并填空)

_____，

待系统提示下载完成后,退出 FTP 命令行会话。在下面的空格中写出所使用的命令:(截图并填空)

_____，

步骤六:TCP 及 FTP 协议分析

停止报文分析软件 Ethereal,然后查看所截获报文的详细信息。请在表 13-3 中填入所截获的前三个TCP 报文的相关信息。(截图并填表)

表 13-3　TCP 报文信息表

报文序号	源 IP (source)	目的 IP (Destination)	源端口	目的端口	标志位 (Flag)	序列号 (Sequence number)	确认号(Acknowledgement number)	Window Size

根据表 13-3 中的内容,思考并回答以下问题:

* 在 TCP 连接中,第一个报文的标志位是　SYN　,表示　客户端同步连接服务器　,确认号是　0　,表示　此为第一个报文,不需要确认　,
* 第二个报文的标志位是,表示　SYN,ACK　,表示　服务器端同步连接客户端,并对客户端以回应　;Acknowledgement number 是　1　,表示　要求回应报文的 sequence number 为 1　。

- 在 FTP 建立完成后,客户端与服务器端之间建立 FTP 连接并开始传输文件。请观察 FTP 报文,并在下面的空格中填入以下结果:(截图并填空)

PCA 上的 FTP 客户端端口号:_____,

RTA 上的 FTP 服务器端端口号:_____,

FTP 文件传输模式是:_____(ASCII 模式 / 二进制流模式),

FTP 数据传输方式是:_____(主动 port / 被动 passive)。

 实训任务二:TFTP 操作与分析

本实训通过将 PC 配置为 TFTP 服务器端,然后在路由器上使用 TFTP 客户端连接到 TFTP 服务器并传输文件。期间通过报文分析软件对 TFTP 协议的连接建立和文件传输过程进行观察,从而掌握 TFTP 协议的工作原理。

步骤一:TFTP 服务器软件配置

本实训中需要用到 TFTP 服务器。TFTP 服务器软件有多种,本实训以较常用的 3CDaemon 软件为例,简单描述相关配置。

首先安装 3CDaemon(见下载的实训文档中)。

安装成功后,打开 3CDaemon 软件,其缺省界面如图 11-5 所示。

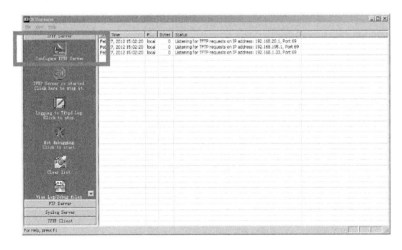

图 11-5 3CDaemon 缺省界面

界面的左边是状态栏,表示所能配置的服务器,缺省就是 TFTP 服务器。单击状态栏中的"Configure TFTP Server",弹出如图 11-6 所示界面。

此界面上主要配置 TFTP 服务器的参数。在【Upload/Download】对话框键入所需要上传或下载文件的目录,或单击右边的图标,在弹出的菜单中进行目录选择。

将所需要上传或下载的文件放置于目录中,以备后续操作。考虑到路由器的存储空间有限,文件不宜太大。请读者在下面的空格中填入所放置的文件名称:

____test. bin____

步骤二:使用 TFTP 下载文件

在路由器的用户视图下,使用命令来查看路由器中的存储空间。在下面的空格中填入所使用的命令和输出所显示的剩余存储空间:(截图并填空)

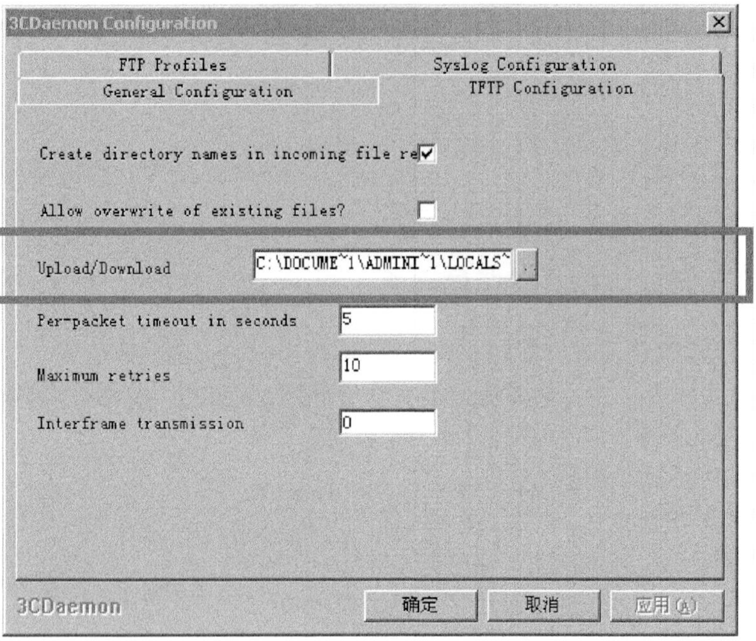

图 11-6　TFTP 服务器配置界面

命令：__dir__

剩余空间：_____

确保剩余空间大于所需要下载的文件后，打开报文分析软件 Ethereal，来截获 TFTP 操作的报文，与此同时，使用 TFTP 命令来将文件下载到路由器中。

在下面的空格中填入所使用的命令：(截图并填空)

_____

步骤三：TFTP 协议分析

停止报文分析软件 Ethereal，然后查看所截获报文的详细信息。请在表 11-4 中填入所截获的前三个 TFTP 报文的相关信息。

表 11-4　TFTP 报文信息表

报文序号	源 IP（source）	目的 IP（Destination）	源端口	目的端口	块编 4 号（Block）	确认号（Acknowledgement Block）	数据块大小

根据 TFTP 报文信息表中内容，思考并回答以下问题：

在 TFTP 传输中，第一个报文是__读（Read Request）__，表示__TFTP 客户端需要从 TFTP 服务器下载文件__。

第二个报文的块编号是_____，表示__所传输的第一个文件块__。

第三个报文的确认块编号是_____，表示__确认收到所传输的第一个__

文件块___。

在 TFTP 传输中,报文数据块的大小是:_____字节。

另外,最后一个 TFTP 报文块的大小是:_____字节。

11.8 思考题

在 FTP 数据传输中,服务器端所侦听的端口号在何种情况下不是 20?

答:当 FTP 数据传输方式是被动方式(PASV)时,服务器端会使用一个临时的端口号来传输数据,此时端口号不是 20。

项目 12　配置 IPv6 网络

12.1　实训目标

> 在路由器上配置 IPv6 地址
> 用 IPv6 ping 命令进行 IPv6 地址可达性检查
> 用命令行来查看 IPv6 地址配置和邻居信息

12.2　项目背景

为适应某些特殊需求,A 公司欲在网络中的两台路由器之间搭建起一个 IPv6 链路,组建起一个简单的 IPv6 网络。

12.3　知识背景

1. IPv6 地址表示方式

IPv6 地址被表示为以冒号(:)分隔的一连串 16 比特的十六进制数。每个 IPv6 地址被分为 8 组,每组的 16 比特用 4 个十六进制数来表示,组和组之间用冒号隔开,比如:2001:0000:130F:0000:0000:09C0:876A:130B。

为了简化 IPv6 地址的表示,对于 IPv6 地址中的"0"可以有下面的处理方式。

- 每组中的前导"0"可以省略,即上述地址可写为 2001:0:130F:0:0:9C0:876A:130B。
- 如果地址中包含连续两个或多个均为 0 的组,则可以用双冒号"::"来代替,即上述地址可写为 2001:0:130F::9C0:876A:130B。

(注:在一个 IPv6 地址中只能使用一次双冒号"::",否则当设备将"::"转变为 0 以恢复 128 位地址时,将无法确定"::"所代表的 0 的个数。)

IPv6 地址由两部分组成:地址前缀与接口标识。其中,地址前缀相当于 IPv4 地址中的网络号码字段部分,接口标识相当于 IPv4 地址中的主机号码部分。

地址前缀的表示方式为:IPv6 地址/前缀长度。其中,前缀长度是一个十进制数,表示 IPv6 地址最左边多少位为地址前缀。

2. IPv6 的地址分类

IPv6 主要有三种类型的地址:单播地址、组播地址和任播地址。

- 单播地址:用来唯一标识一个接口,类似于 IPv4 的单播地址。发送到单播地址的数据报文将被传送给此地址所标识的接口。

* 组播地址:用来标识一组接口(通常这组接口属于不同的节点),类似于 IPv4 的组播地址。发送到组播地址的数据报文被传送给此地址所标识的所有接口。
* 任播地址:用来标识一组接口(通常这组接口属于不同的节点)。发送到任播地址的数据报文被传送给此地址所标识的一组接口中距离源节点最近(根据使用的路由协议进行度量)的一个接口。

IPv6 中没有广播地址,广播地址的功能通过组播地址来实现。

IPv6 地址类型是由地址前面几位(称为格式前缀)来指定的,主要地址类型与格式前缀的对应关系如表 12-1 所示。

表 12-1　地址类型与格式前缀的对应关系

地址类型	格式前缀(二进制)	IPv6 前缀标识	
单播地址	未指定地址	00...0　(128 bits)	::/128
	环回地址	00...1　(128 bits)	::1/128
	链路本地地址	1111111010	FE80::/10
	全球单播地址	其他形式	-
组播地址	11111111	FF00::/8	
任播地址	从单播地址空间中进行分配,使用单播地址的格式		

3. 单播地址的类型

IPv6 单播地址的类型可有多种,包括全球单播地址、链路本地地址等。

* 全球单播地址:等同于 IPv4 公网地址,提供给网络服务提供商。这种类型的地址允许路由前缀的聚合,从而限制了全球路由表项的数量。
* 链路本地地址:用于邻居发现协议和无状态自动配置中链路本地节点之间的通信。使用链路本地地址作为源或目的地址的数据报文不会被转发到其他链路上。
* 环回地址:单播地址 0:0:0:0:0:0:0:1(简化表示为::1)称为环回地址,不能分配给任何物理接口。它的作用与在 IPv4 中的环回地址相同,即节点用来给自己发送 IPv6 报文。
* 未指定地址:地址"::"称为未指定地址,不能分配给任何节点。在节点获得有效的 IPv6 地址之前,可在发送的 IPv6 报文的源地址字段填入该地址,但不能作为 IPv6 报文中的目的地址。

4. 组播地址

表 12-2 所示的组播地址,是预留的特殊用途的组播地址。

表 12-2　预留的 IPv6 组播地址列表

地址	应用
FF01::1	表示节点本地范围所有节点的组播地址
FF02::1	表示链路本地范围所有节点的组播地址
FF01::2	表示节点本地范围所有路由器的组播地址
FF02::2	表示链路本地范围所有路由器的组播地址

另外,还有一类组播地址:被请求节点(Solicited-Node)地址。该地址主要用于获取同一链路上邻居节点的链路层地址及实现重复地址检测。每一个单播或任播 IPv6 地址都有一个对应的被请求节点地址。其格式为:

FF02:0:0:0:0:1:FFXX:XXXX

其中,FF02:0:0:0:0:1:FF 为104 位固定格式;XX:XXXX 为单播或任播 IPv6地址的后 24 位。

5. IEEE EUI-64 格式的接口标识符

IPv6 单播地址中的接口标识符用来标识链路上的一个唯一的接口。目前 IPv6 单播地址基本上都要求接口标识符为 64 位。

不同接口的 IEEE EUI-64 格式的接口标识符的生成方法不同,分别介绍如下:

- 所有 IEEE 802 接口类型(例如,以太网接口、VLAN 接口):IEEE EUI-64 格式的接口标识符是从接口的链路层地址(MAC 地址)变化而来的。IPv6 地址中的接口标识符是 64 位,而 MAC 地址是 48 位,因此需要在 MAC 地址的中间位置(从高位开始的第 24 位后)插入十六进制数 FFFE(1111111111111110)。为了表示这个从 MAC 地址得到的接口标识符是全球唯一的,还要将 Universal/Local(U/L)位(从高位开始的第 7 位)设置为"1"。最后得到的这组数就作为 EUI-64 格式的接口标识符(如图 12-1 所示)。

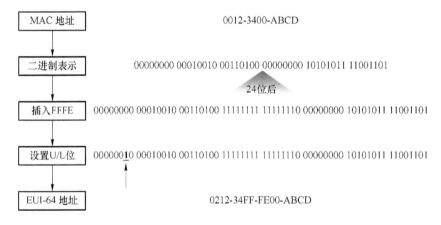

图 12-1　MAC 地址到 EUI-64 格式接口标识符的转换过程

- Tunnel 接口:IEEE EUI-64 格式的接口标识符的低 32 位为 Tunnel 接口的源 IPv4 地址,ISATAP 隧道的接口标识符的高 32 位为 0000:5EFE,其他隧道的接口标识符的高 32 位为全 0。关于各种隧道的介绍,请参见"三层技术-IP 业务配置指导"中的"隧道"。
- 其他接口类型(例如 Serial 接口):IEEE EUI-64 格式的接口标识符由设备随机生成。

12.4　实训环境

组网如图 12-2 所示。

图 12-2 实训组网

12.5 实训设备

本实训所需主要设备及线缆如表 12-3 所示。

表 12-3 设备器材列表

名称和型号	版本	数量	描述
USB-COM 转接器		1	驱动文件见附录
H3C MSR20-40	CMW5.2-R1618P13-Standard	2	
PC	Windows XP SP3	1	
Console 配置线	——	1	
五类 UTP 以太网线		2	

12.6 命令列表

本实训所用到的命令如表 12-4 所示。

表 12-4 命令列表

命 令	命令视图	描 述
ipv6	系统视图	使能 IPv6 报文转发功能
ipv6 address { *ipv6-address prefix-length* | *ipv6-prefix/prefix-length* }	接口视图	手工指定 IPv6 地址
ipv6 address *ipv6-prefix/prefix-length* eui-64	接口视图	采用 EUI-64 格式形成 IPv6 地址
ipv6 address auto link-local	接口视图	配置自动生成链路本地地址
display ipv6 interface [*interface-type interface-ID* | verbose]	任意视图	显示可以配置 IPv6 地址的 IPv6 信息
ping ipv6	任意视图	测试对端设备的 IPv6 可达性
display ipv6 neighbors	任意视图	显示邻居信息

12.7 实训过程

本实训约需 4 学时。

实训任务:IPv6 地址配置及查看

本实训令学员在路由器上配置 IPv6 地址,然后用命令行观察 IPv6 邻居表项,再用命令行来测试 IPv6 邻居的可达性,从而使学员深化对 IPv6 地址的认识,深入对邻居发现协议功能的了解。

步骤一:建立物理连接

按照图 12-2 进行连接,并检查路由器的软件版本及配置信息,确保路由器软件版本符合要求,所有配置为初始状态。

使用 Console 线缆,将 PC 与路由器的 Console 口连接。

步骤二:配置接口自动生成链路本地地址及测试可达性,查看邻居信息

- 使用 system-view 命令,进入系统视图,再使用 sysname 命令给路由器命名为 RTA_yourname(或 RTB_yourname),并使能路由器的 IPv6 报文转发功能,并在下面的空格中写出完整的命令。(截图方式填空)

  _____,

- 然后在路由器 E0/0 接口视图下,配置接口自动生成链路本地地址,并在下面的空格中写出完整的命令。(截图方式填空)

  RTA 上的命令:_____,

  RTB 上的命令:_____,

- 以上配置完成后,路由器会自动生成前缀为 FE80:: 的链路本地地址。请用命令来查看生成的链路本地地址,并在下面的空格中写出完整的命令。(截图方式填空)

  ___display   ipv6   interface Ethernet 0/0___,

请在下面填入所看到的地址。(截图方式填空)

RTA 的接口 E0/0 链路本地地址是:_____,

RTB 的接口 E0/0 链路本地地址是:_____,

- 在 RTA 上用命令来进行 RTA 与 RTB 之间的 IPv6 可达性测试,并在下面的空格中写出完整的命令。(截图方式填空)

  ping   ipv6 _____-i e0/0,

可达性测试的结果是:成功 □ 失败 □(截图)

如果可达性测试失败,请分析原因。

- 在 RTA 和 RTB 上通过命令来查看路由器的邻居信息,并在下面的空格中写出完整的命令:_____,(截图方式填空)

RTA 上看到的邻居地址信息是:_____,

RTB 上看到的邻居地址信息是:_____,

步骤三:配置接口生成 EUI-64 地址并测试可达性,查看邻居信息

- 请在 RTA 及 RTB 的 E0/0 接口视图下,配置接口生成符合 EUI-64 格式的全球单播地址,在下面的空格中写出完整的命令。(截图方式填空)

RTA 上的命令:ipv6 address 1::/64 eui-64,

RTB 上的命令：＿＿＿＿＿＿＿＿＿＿＿＿＿，

- 以上配置完成后，路由器接口会生成符合 EUI-64 规范的全球单播地址。用命令来查看生成的 EUI-64 地址并测试可达性。

请在下面填入实训结果：（截图方式填空）

RTA 的接口 E0/0 全球单播地址是：＿＿＿＿＿＿＿＿＿＿＿＿＿，

RTB 的接口 E0/0 全球单播地址是：＿＿＿＿＿＿＿＿＿＿＿＿＿，

在 RTA 上用命令来进行 RTA 与 RTB 之间的 IPv6 可达性测试（注：Ping 全球单播地址时，不带参数-i e0/0），并在下面的空格中写出完整的命令。

ping ipv6 ＿＿＿＿＿＿＿＿＿＿＿＿＿，

可达性测试的结果是：成功□　失败□（截图说明效果）

- 在 RTA 和 RTB 上通过 display ipv6 neighbors all 命令来查看路由器的邻居信息。（截图方式填空）

RTA 上看到的邻居地址信息是：＿＿＿＿＿＿＿＿＿＿＿＿＿，

RTB 上看到的邻居地址信息是：＿＿＿＿＿＿＿＿＿＿＿＿＿，

步骤四：配置接口生成全球单播地址并测试可达性，查看邻居信息

- 请在 RTA 及 RTB 的 E0/0 接口视图下，配置全球单播地址，并在下面的空格中写出完整命令。（截图方式填空）

RTA 上的命令：ipv6　address　2∷1/64　　，

RTB 上的命令：ipv6　address　2∷2/64　　，

以上配置完成后，路由器接口会生成全球单播地址。

- 用命令来查看全球单播地址。请在下面填入实训结果：（截图方式填空）

RTA 的接口 E0/0 全球单播地址是：＿＿＿＿＿＿＿＿＿＿＿＿＿，

RTB 的接口 E0/0 全球单播地址是：＿＿＿＿＿＿＿＿＿＿＿＿＿，

- 在 RTA 上用命令来进行 RTA 与 RTB 之间的 IPv6 可达性测试，并在下面的空格中写出完整的命令。（截图方式填空）

＿＿＿＿＿＿＿＿＿＿＿＿＿＿＿＿＿＿＿＿＿＿＿＿＿＿＿＿＿＿＿＿＿，

可达性测试的结果是：成功□　失败□（截图说明效果）

- 在 RTA 和 RTB 上通过命令来查看路由器的邻居信息。（截图方式填空）

RTA 上看到的邻居地址信息是：＿＿＿＿＿＿＿＿＿＿＿＿＿，

RTB 上看到的邻居地址信息是：＿＿＿＿＿＿＿＿＿＿＿＿＿，

12.8　思考题

在进行 IPv6 邻居查看时，邻居表项中的"state"一栏中显示是什么？它表示什么意思？

答：显示有可能为 INCMP、REACH、STALE、DELAY、PROBE 之中的一种。INCMP 表示正在解析地址，邻居的链路层地址尚未确定；REACH 表示邻居可达；STALE、DELAY、PROBE 表示未确定邻居是否可达。邻居发现协议用此表示邻居地址的可信度，结合更多的操作，从而实现比 ARP 协议更高的安全性。

项目 13　配置 VLAN

13.1　实训目标

➤ 掌握 VLAN 的基本工作原理
➤ 掌握 Access 链路端口的基本配置
➤ 掌握 Trunk 链路端口的基本配置
➤ 掌握 Hybrid 链路端口的基本配置

13.2　项目背景

　　A 公司的财务部门和开发部门分别在办公大厦的 1、2 两个楼层,每一层有一台独立的接入交换机。其中,1、2 层中都有上述部门的计算机。鉴于信息保密性的要求,要求这两个部门之间的主机不能直接访问,但本部门内部的主机之间可以互相通信。

13.3　知识背景

1. VLAN 简介

　　虚拟局域网(Virtual Local Area Network,VLAN)技术主要是为了解决交换机在进行局域网互联时无法限制广播的问题。这种技术可以把一个 LAN 划分成多个逻辑的 LAN,即 VLAN。每个 VLAN 是一个广播域,VLAN 内的主机间通信就和在一个 LAN 内一样,而 VLAN 间则不能直接互通,广播报文被限制在一个 VLAN 内。

2. VLAN 的优点

　　VLAN 的划分不受物理位置的限制:不在同一物理位置范围的主机可以属于同一个 VLAN;一个 VLAN 包含的用户可以连接在同一个交换机上,也可以跨越交换机,甚至可以跨越路由器。其具体优点如下。

- 有效控制广播域范围:广播域被限制在一个 VLAN 内,广播流量仅在 VLAN 中传播,节省了带宽,提高了网络处理能力。如果一台终端主机发出广播帧,交换机只会将此广播帧发送到所有属于该 VLAN 的其他端口,而不是所有的交换机的端口,从而控制了广播范围,节省了带宽。

- 增强局域网的安全性:不同 VLAN 内的报文在传输时是相互隔离的,即一个 VLAN 内的用户不能和其他 VLAN 内的用户直接通信,如果不同 VLAN 要进行通信,则需要通过路由器或三层交换机等设备。

- 灵活构建虚拟工作组:用 VLAN 可以划分不同的用户到不同的工作组,同一工作组的用户也不必局限于某一固定的物理范围,网络构建和维护更方便灵活。

例如,在企业网中使用虚拟工作组后,同一个部门的主机就好像在同一个 LAN 上一样,很容易地互相访问,交流信息。同时,所有的广播也都限制在该虚拟 LAN 上,而不影响其他 VLAN 的人。一个人如果从一个办公地点换到另外一个地点,而他仍然在该部门,那么,该用户的配置无须改变;同时,如果一个人虽然办公地点没有变,但他更换了部门,那么,只需网络管理员更改一下该用户的配置即可。

- 增强网络的健壮性:当网络规模增大时,部分网络出现问题往往会影响整个网络,引入 VLAN 之后,可以将一些网络故障限制在一个 VLAN 之内。

目前,绝大多数以太网交换机都能够支持 VLAN。使用 VLAN 来构建局域网,组网方案灵活,配置管理简单,降低了管理维护的成本。同时,VLAN 可以减小广播域的范围,减少 LAN 内的广播流量,是高效率、低成本的方案。

3. VLAN 的类型

VLAN 根据划分方式不同可以分为不同类型。

- 基于端口的 VLAN:该种 VLAN 划分方法的优点是定义 VLAN 成员非常简单,只要指定交换机的端口即可;但是如果 VLAN 用户离开原来的接入端口,而连接到新的交换机端口,就必须重新指定新连接的端口所属的 VLAN 旧。
- 基于 MAC 地址的 VLAN:此种划分 VLAN 的方法其最大优点就是当用户物理位置移动时,即从一个交换机换到其他的交换机时,VLAN 不用重新配置,所以可以认为这种根据 MAC 地址的划分方法是基于用户的 VLAN。这种方法的缺点是初始配置时,所有用户的 MAC 地址都需要收集,并逐个配置,如果用户很多,配置的工作量是很大的。此外这种划分的方法也导致了交换机执行效率的降低,因为在每一个交换机的端口都可能存在很多个 VLAN 组的成员,这样就无法限制广播帧。
- 基于协议的 VLAN:此特性主要应用于将网络中提供的协议类型与 VLAN 相绑定,方便管理和维护。实际当中的应用比较少,因为目前网络中绝大多数主机都运行 IP 协议,运行其他协议的主机很少。
- 基于 IP 子网的 VLAN:这种 VLAN 划分方法管理配置灵活,网络用户自由移动位置而不需重新配置主机或交换机,并且可以按照传输协议进行子网划分,从而实现针对具体应用服务来组织网络用户。但是,这种方法也有它不足的一面,因为为了判断用户属性,必须检查每一个数据包的网络层地址,这将耗费交换机不少的资源;并且同一个端口可能存在多个 VLAN 用户,这对广播的抑制效率有所下降。

从上述几种 VLAN 划分方法的优缺点综合来看,基于端口的 VLAN 划分是最普遍使用的方法之一,它也是目前所有交换机都支持的一种 VLAN 划分方法。本实训也是采用的这种类型。

4. 802.1q 协议

IEEE 802.1q 协议为标识带有 VLAN 成员信息的以太帧建立了一种标准方法。IEEE802.1q 标准定义了 VLAN 网桥操作,从而允许在桥接局域网结构中实现定义、运行以及管理 VLAN 拓扑结构等操作。IEEE802.1q 的关键在于标签(Tag)。支持 IEEE 802.1q 的交换端口可被配置来传输标签帧或无标签帧。一个包含 VLAN 信息的标签字段可以插入到以太帧中。如果端口与支持 IEEE 802.1q 的设备(如另一个交换机)相连,那么这些标签帧可以在交换机之间传送 VLAN 成员信息,这样 VLAN 就可以跨越多台交换机。但是,对于没有支持 IEEE 802.1q 设备相连的端口我们必须确保它们用于传输无标签帧,这一点非常重要。很多 PC 和打印机的网卡并不支持 IEEE 802.1q,一旦它们收到一个标签帧,它们会因为读不懂标签而丢弃该帧。在 IEEE 802.1q 中,用于标签帧的最大合法以太帧大小已由 1518 字节增加到 1522 字节,这样就会使网卡和旧式交换机由于帧"尺寸过大"而丢弃标签帧。图 13-1 就是以太网中的 IEEE 802.1q 标签帧格式。

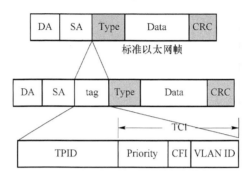

图 13-1　带有 IEEE802.1Q 标记的以太网帧

5. VLAN 的端口类型

(1) Access 链路类型端口

只允许默认 VLAN 的以太网帧通过的端口称为 Access 链路类型端口。Acess 端口在收到以太网帧后打 VLAN 标签,转发出端口时剥离 VLAN 标签,对终端主机透明,所以通常用来连接不需要识别 802.1Q 协议的设备,如终端主机、路由器等。

(2) Trunk 链路类型端口

上述不对 VLAN 标签进行剥离操作的端口就是 Trunk 链路类型端口。Trunk 链路类型端口可以接收和发送多个 VLAN 的数据帧,且在接收和发送过程中不对帧中的标签进行任何操作。

不过,默认 VLAN(PVID)帧是一个例外。在发送帧时,Trunk 端口要剥离默认 VLAN(PVID)帧中的标签;同样,交换机从 Trunk 端口接收到不带标签的帧时,要打上默认 VLAN 标签。

(3) Hybrid 链路类型端口

Hybrid 端口可以接收和发送多个 VLAN 的数据帧,同时还能够指定对任何 VLAN 帧进行剥离标签操作。当网络中大部分主机之间需要隔离,但这些隔离的主机又需要与另一台主机互通时,可以使用 Hybrid 端口。Hybrid 端口和 Trunk 端口在接收数据时,处理方法是一样的,唯一不同之处在于发送数据时:Hybrid 端口可以允许多个 VLAN 的报文发送时不打标签,而 Trunk 端口只允许缺省 VLAN 的报文发送时不打标签。

总之,Access 类型的端口只能属于 1 个 VLAN,一般用于连接计算机的端口;Trunk 类型的端口可以允许多个 VLAN 通过,可以接收和发送多个 VLAN 的报文,一般用于交换机之间连接的端口;Hybrid 类型的端口可以允许多个 VLAN 通过,可以接收和发送多个 VLAN 的报文,可以用于交换机之间连接,也可以用于连接用户的计算机。

注意:三种类型的端口可以共存在一台以太网交换机上,但 Trunk 端口和 Hybrid 端口之间不能直接切换,只能先设为 Access 端口,再设置为其他类型端口。例如:Trunk 端口不能直接被设置为 Hybrid 端口,只能先设为 Access 端口,再设置为 Hybrid 端口。配置 Trunk 端口或 Hybrid 端口,并利用 Trunk 端口或 Hybrid 端口发送多个 VLAN 报文时,本端端口和对端端口的缺省 VLAN ID(端口的 PVID)要保持一致。

13.4　实训环境

组网如图 13-2 所示。

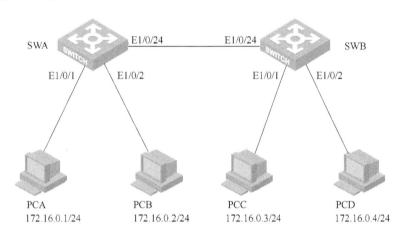

图 13-2　实训组网

13.5　实训设备

本实训所需主要设备及线缆如表 13-1 所示。

表 13-1　设备器材列表

名称和型号	版本	数量	描述
USB-COM 转接器		1	驱动文件见附录
H3C S3610	CMW5.20 Release 5306	2	
PC	Windows XP SP3	4	
Console 配置线	—	1	
五类 UTP 以太网线		5	

13.6　命令列表

本实训所用到的命令如表 13-2 所示。

表 13-2　命令列表

命　令	命令视图	描　　述
vlan *vlan-id*	系统视图	创建 VLAN 并进入 VLAN 视图
port *interface-list*	Vlan 视图	将指定端口加入到当前 VLAN 中
port link-type { acess │ trunk │ hybrid}	接口视图	设置端口的链路类型
port trunk permit vlan { *vlan-id-list* │ all }	接口视图	允许指定的 VLAN 通过当前 Trunk 端口
display vlan	任意视图	显示交换机上的 VLAN 信息
display vlan *vlan-id*	任意视图	显示交换机上的指定 VLAN 信息
display interface [*interface-type* [*interface—number*]]	任意视图	显示指定接口当前的运行状态和相关信息

13.7　实训过程

本实训约需 6 学时。

实训任务一：配置 Access 链路端口

本实训任务通过在交换机上配置 Access 链路端口使 PC 处于不同 VLAN,隔离 PC 间的访问,从而使学员加深对 Access 链路端口的理解。

步骤一：建立物理连接并运行超级终端

将 PC(或终端)通过 Console 电缆与交换机的 Console 口连接。

检查设备的软件版本及配置信息,确保各设备软件版本符合要求,所有配置为初始状态。如果配置不符合要求,请学员在用户视图下擦除设备中的配置文件(reset saved-configuration),然后重启设备(reboot)以使系统采用缺省的配置参数进行初始化。再使用 sysname 命令给交换机命名为 SWA_your name。

步骤二：观察缺省 VLAN

* 可以在_____视图下通过_____命令查看交换机上的 VLAN 相关信息。(截图)

　　　　从以上输出可知,交换机上的缺省 VLAN 是_____。

请执行_____命令以查看缺省 VLAN 的信息(截图)。

* 在 PC 上配置 IP 地址,通过 ping 命令来测试 PC 能否互通。

按表 13-3 所示在 PC 上配置 IP 地址。

表 13-3　IP 地址列表

设备名称	IP 地址	网关
PCA	172.16.0.1/ 24	—
PCB	172.16.0.2/24	—
PCC	172.16.0.3/24	—
PCD	172.16.0.4/24	—

配置完成后,在 PCA 和 PCC 上,打开各自的 DOS 窗口("运行"→键入 cmd),用 ping 命令来测试到其他 PC 的互通性。其结果应该是 PCA 与 PCB _____(能/不能)互通(截图方式填空),PCC 和 PCD _____(能/不能)互通。(截图方式填空)

步骤三:配置 VLAN 并添加端口

分别在 SWA 和 SWB 上创建 VLAN 2,并将 PCA 和 PCC 所连接的端口 Ethernet 1/0/1 添加到 VLAN 2 中。具体步骤如下。

• 配置 SWA

请执行合适的命令创建 VLAN 2 并将端口 Ethernet 1/0/1 添加到 VLAN 2 中,在下面的空格中写出完整的命令:(截图方式填空)

_____,

_____,

• 配置 SWB

请执行合适的命令创建 VLAN 2 并将端口 Ethernet 1/0/1 添加到 VLAN 2 中,在下面的空格中写出完整的命令:(截图方式填空)

_____,

_____,

• 在交换机 SWA 上查看有关 VLAN 以及 VLAN 1、VLAN 2 的信息:请在下面空格中填写完整的命令:(截图方式填空)

_____,

• 在交换机 SWB 上查看有关 VLAN 以及 VLAN 1、VLAN 2 的信息:请在下面空格中填写完整的命令:(截图方式填空)

_____,

步骤四:查看物理端口链路类型

请执行合适的命令查看交换机的物理端口 Ethernet 1/0/1 的信息,在下面的空格中写出完整命令:_____,

执行上述命令,从命令的输出信息(截图方式填空)中可以发现,端口 Ethernet 1/0/1 的 PVID 是_____,端口 Ethernet 1/0/1 的链路类型(Port link-type)是_____,该端口 Tagged VLAN ID 是_____,该端口 Untagged VLAN ID 是_____。

步骤五:测试 VLAN 间的隔离

通过 ping 命令来测试处于不同 VLAN 间的 PC 能否互通。

配置完成后,在 PCA 和 PCC 上,打开各自的 DOS 窗口("运行"→键入 cmd),用 ping 命令来测试到其他 PC 的互通性。其结果应该是 PCA 与 PCB _____(能/不能)互通(截图方式填空),PCC 和 PCD _____(能/不能)互通。(截图方式填空)

实训任务二:配置 Trunk 链路端口

本实训任务是在交换机间配置 Trunk 链路端口,来使同一 VLAN 中的 PC 能够跨交换机访问。通过本实训,学员应该能够掌握 Trunk 链路端口的配置及作用。

步骤一:跨交换机 VLAN 互通测试

在上个实训中,PCA 和 PCC 表面上都属于 VLAN2,从整个网络环境考虑,它们并不在一个广播域,即本质上不在一个 VLAN 中,因为两个交换机上的 VLAN 目前只是各自在本机起作用,还没有发生关联。在 PCA 上用 ping 命令来测试与 PCC 能否互通(截图方式填空)。其结果应该是不能互通。

思考并回答:PCA 与 PCC 之间不能互通。因为交换机之间的端口 Ethernet1/0/24 是_____(Access / Trunk / Hybrid)链路端口,且属于 VLAN _____,不允许 VLAN _____的数据帧通过。

步骤二:配置 Trunk 链路端口

在 SWA 和 SWB 上配置端口 Ethernet1/0/24 为 Trunk 链路端口并设置允许需要的 VLAN 数据帧通过。

 • 配置 SWA 上端口 Ethernet1/0/24 的 Trunk 相关属性:

[SWA] interface Ethernet 1/0/24

[SWA-Ethernet1/0/24] port link-type _____

请在如上空格中补充完整的配置命令并说明该配置命令的含义:

_____,

[SWA-Ethernet1/0/24]port trunk permit vlan all

请在空格处说明该配置命令的含义:

_____,

 • 完成 SWB 上端口 Ethernet1/0/24 的 Trunk 相关配置,请在下面空格中填写完整命令:(截图方式填空)

_____,

_____,

_____,

步骤三:查看 Trunk 相关信息

在 SWA 上执行_____命令可以查看端口 Ethernet1/0/24 的信息,通过执行该命令后输出的信息显示可以看到,端口的 PVID 值是_____,端口类型是允许 VLAN_____(VLAN 号)通过。(截图方式填空)

在 SWA 上执行_____命令可以查看 VLAN2 的相关信息,通过执行该命令后输出的信息显示可以看到 VLAN2 中包含了端口 Ethernet 1/0/24,且数据帧是以_____(tagged / untagged)的形式通过端口的。(截图方式填空)

步骤四:跨交换机 VLAN 互通测试

在 PCA 上用 ping 命令来测试与 PCC 能否互通。其结果应该是_____(截图方式填空)

实训任务三:配置 Hybrid 链路端口

本实训任务是利用 Hybrid 端口的特性——一个端口可以属于多个不同的 VLAN,来完成分属不同 VLAN 内的同网段 PC 机的访问需求。通过本实训,学员应该能够掌握 Hybrid 链路端口的配置及作用。

步骤一:配置 PC 属于不同的 VLAN

保持实训一中配置的 PC 的 IP 地址不变,在实训二的基础上,修改 PCA、PCB、PCC、

PCD 分别属于 VLAN10、VLAN20、VLAN30、VLAN40,同时保持设置端口 Ethernet1/0/24 为 Trunk 链路端口并设置允许所有的 VLAN 数据帧通过。然后在 PC 上使用 PING 测试 PCA、PCB、PCC、PCD 之间的互通性,发现四台 PC 之间＿＿＿＿＿＿＿＿互通(能/不能)。(截图方式填空)

然后在 SWA、SWB 上增加如下配置:

[SWA]vlan 30

[SWA]vlan 40

[SWB]vlan 10

[SWB]vlan 20

如上配置命令的作用是为后面配置 hybrid 属性做准备,因为只有在本机存在的 VLAN,在配置端口 hybrid 属性时才能配置该 VLAN 的 tagged 或者 untagged 属性。

步骤二:配置 Hybrid 链路端口

在 SWA 上配置 PCA 所连接的端口 Ethernet1/0/1 为 Hybrid 端口,并允许 VLAN30、VLAN40 的报文以 untagged 方式通过,请在下面空格中填写完整的命令:

[SwitchA]interface Ethernet l/0/1

[SwitchA-Ethernet0/1]port link-type ＿＿＿＿＿＿＿＿

请在如上空格中补充完整的配置命令并说明该配置命令的含义:

＿＿＿

[SwitchA-Ethernet0/1]port hybrid vlan ＿＿＿＿＿＿＿＿ untagged

请在空格处说明该配置命令的含义:

＿＿＿

在 SWA 上配置 PCB 所连接的端口 Ethernet1/0/2 为 Hybrid 端口,并允许 VLAN30、VLAN40 的报文以 untagged 方式通过,请在下面空格中填写完整的命令:

＿＿＿

在 SWB 上配置 PCC 所连接的端口 Ethernet1/0/1 为 Hybrid 端口,并允许 VLAN10、VLAN20、VLAN40 的报文以 untagged 方式通过,请在下面空格中填写完整的命令:

＿＿＿

在 SWB 上配置 PCD 所连接的端口 Ethernet1/0/2 为 Hybrid 端口,并允许 VLAN10、VLAN20、VLAN30 的报文以 untagged 方式通过,请在下面空格中填写完整的命令:

＿＿＿

步骤三:查看 Hybrid 相关信息

在 SWA 上执行＿＿＿＿＿＿＿＿命令可以查看 VLAN10 的相关信息(截图方式填空),通过执行该命令后输出的信息显示可以看到 VLAN10 中 tagged 的端口为＿＿＿＿＿＿＿＿,untagged 的端口为＿＿＿＿＿＿＿＿。

在 SWA 上执行＿＿＿＿＿＿＿＿命令可以查看 VLAN20 的相关信息(截图方式填空),通过执行该命令后输出的信息显示可以看到 VLAN20 中 tagged 的端口为＿＿＿＿＿＿＿＿,untagged 的端口为＿＿＿＿＿＿＿＿。

在 SWA 上执行＿＿＿＿＿＿＿＿命令可以查看 VLAN30 的相关信息(截图方式填空),通过执行该命令后输出的信息显示可以看到 VLAN30 中 tagged 的端口为＿＿＿＿＿＿＿＿,untagged 的端口为＿＿＿＿＿＿＿＿。

在 SWA 上执行＿＿＿＿＿＿＿命令可以查看 VLAN40 的相关信息(截图方式填空),通过执行该命令后输出的信息显示可以看到 VLAN40 中 tagged 的端口为＿＿＿＿＿＿＿＿,untagged 的端口为＿＿＿＿＿＿＿＿。

- 在 SWB 上执行如上同样的命令查看相关的 VLAN 信息。

在 SWA 上执行＿＿＿＿＿＿＿命令可以查看端口 Ethernet1/0/1 的信息(截图方式填空),通过执行该命令后输出的信息显示可以看到,端口的 PVID 值是＿＿＿＿＿＿＿＿,端口类型是＿＿＿＿＿＿＿＿,Tagged VLANID 号是＿＿＿＿＿＿＿＿,UntaggedVLANID 号是＿＿＿＿＿＿＿＿,

在 SWA 上执行＿＿＿＿＿＿＿命令可以查看端口 Ethernet1/0/2 的信息(截图方式填空),通过执行该命令后输出的信息显示可以看到,端口的 PVID 值是＿＿＿＿＿＿＿＿,端口类型是＿＿＿＿＿＿＿＿,Tagged VLANID 号是＿＿＿＿＿＿＿＿,Untagged VLANID 号是＿＿＿＿＿＿＿＿。

在 SWB 上执行＿＿＿＿＿＿＿命令可以查看端口 Ethernet1/0/1 的信息(截图方式填空),通过执行该命令后输出的信息显示可以看到,端口的 PVID 值是＿＿＿＿＿＿＿＿,端口类型是＿＿＿＿＿＿＿＿,Tagged VLAN ID 号是＿＿＿＿＿＿＿＿,Untagged VLAN ID 号是＿＿＿＿＿＿＿＿。

在 SWB 上执行＿＿＿＿＿＿＿命令可以查看端口 Ethernet1/0/2 的信息(截图方式填空),通过执行该命令后输出的信息显示可以看到,端口的 PVID 值是＿＿＿＿＿＿＿＿,端口类型是＿＿＿＿＿＿＿＿,TaggedVLANID 号是＿＿＿＿＿＿＿＿,UntaggedVLANID 号是＿＿＿＿＿＿＿＿。

步骤四:检查不同 VLAN 之间的互通性

完成步骤三的配置后,在 PC 上通过 ping 检测 PC 之间的互通性,检查发现:(截图方式填空)

PCA 和 PCB ＿＿＿＿＿＿＿＿(能/不能)互通

PCA 和 PCC ＿＿＿＿＿＿＿＿(能/不能)互通

PCA 和 PCD ＿＿＿＿＿＿＿＿(能/不能)互通

PCB 和 PCC ＿＿＿＿＿＿＿＿(能/不能)互通

PCB 和 PCD ＿＿＿＿＿＿＿＿(能/不能)互通

PCC 和 PCD ＿＿＿＿＿＿＿＿(能/不能)互通

13.8 思考题

在实训任务二中,如果配置 SWA 的端口 E1/0/24 为 Trunk 类型,PVID 为 1,SWB 的端口 E1/0/24 为 Access 类型,PVID 也为 1,则 PCB 和 PCD 能够互通吗?

答:可以。链路端口类型指定依赖数据帧进入和离开端口的行为,交换机不关心对端端口的链路类型。

项目 14　配置 STP

14.1　实训目标

➢ 了解 STP 的基本工作原理
➢ 掌握 STP 的基本配置方法

14.2　项目背景

在某公司局域网中,为了使网络更具可靠性,在链路上采用了一些冗余的连接。但在提高网络可靠性的同时,网络中也出现了环路,产生广播风暴的问题,使整个网络的性能下降。在广播风暴严重的情况下,甚至会导致网络不可用。公司欲在提高网络可靠性的同时,解决网络的广播风暴问题。

14.3　知识背景

解决网络的广播风暴,可以采用 STP 技术,将某些冗余的链路暂时堵塞掉。

1. STP 的协议报文

STP 采用的协议报文是桥协议数据单元(Bridge Protocol Data Unit,BPDU),也称为配置消息。STP 通过在设备之间传递 BPDU 来确定网络的拓扑结构。BPDU 中包含了足够的信息来保证设备完成生成树的计算过程。

BPDU 在 STP 协议中分为两类。

- 配置 BPDU(Configuration BPDU):用来维护生成树拓扑的报文。
- TCN BPDU(Topology Change Notification BPDU):当拓扑发生变化时,用来通知相关设备网络发生变化的报文。

2. STP 的基本原理

STP 通过在设备之间传递 BPDU 报文(在 IEEE802.1D 中这种协议报文被称为"配置消息")来确定网络的拓扑结构。

配置消息中包含了足够的信息来保证设备完成生成树的计算过程。配置消息中主要包括以下内容。

- 根桥 ID(RootID):由根桥的优先级和 MAC 地址组成。通过比较 BPDU 中的根桥 ID,STP 最终决定谁是根桥。
- 根路径开销(RootPathCost):到根桥的最小路径开销。如果是根桥,其根路径开销为 0；如果是非根桥，则为到达根桥的最短路径上所有路径开销的和。

- 指定桥 ID(DesignatedBridgeID)：生成或转发 BPDU 的桥 ID，由桥优先级和桥 MAC 组成。
- 指定端口 ID(DesignatedPortlD)：发送 BPDU 的端口 ID，由端口优先级和端口索引号组成。

各台设备的各个端口在初始时会生成以自己为根桥的配置消息，根路径开销为 0，指定桥 ID 为自身设备 ID，指定端口为本端口。各台设备都向外发送自己的配置消息，同时也会收到其他设备发送的配置消息。通过比较这些配置消息，交换机进行生成树计算，选举根桥，决定端口角色。最终，生成树计算的结果是：

- 对于整个 STP 网络，唯一的一个根桥被选举出来；
- 对于所有的非根桥，选举出根端口和指定端口，负责流量转发。

3. STP 的端口角色

- 在根桥上的所有端口为指定端口(Designated Port，DP)；
- 在非根桥上选举路径开销(RootPathCost)最小的端口为根端口(Root Port，RP)；
- 每个物理段选出根路径开销最小的桥作为指定桥(Designated Bridge)，连接指定桥的端口为指定端口；
- 不是根端口和指定端口的其余端口，被 STP 置为阻塞状态的可选端口(Alternated Port，AP)。

4. STP 的端口状态

端口被选为指定端口或根端口后，需要从 Blocking 状态经 Listening 和 Learning 才能到 Forwarding 状态，默认的 Forwarding Delay 时间是 15 秒。STP 的端口角色与状态的关系如表 14-1 所示。

表 14-1　STP 的端口角色与状态的关系

端口角色	端口状态	端口行为
未启用 STP 功能的端口	Disabled	不收发任何报文
非指定端口或根端口	Blocking	不接收或转发数据，接收但不发送 BPDU，不进行地址学习
—	Listening	不接收或转发数据，接收并发送 BPDU，不进行地址学习
—	Learning	不接收或转发数据，接收并发送 BPDU，开始地址学习
指定端口或根端口	Forwarding	接收并转发数据，接收并发送 BPDU，进行地址学习

4. STP 的模式

- RSTP：快速生成树协议(Rapid Spanning Tree Protocol，RSTP)，是 STP 协议的优化版，它具备 STP 的所有功能，且可以实现快速收敛。RSTP 规定：在某些情况下，处于 Blocking 状态的端口不必经历 2 倍的 Forward Delay 时延就可以直接进入转发状态。如网络边缘端口(即直接与终端相连的端口)，可以直接进入转发状态，不需要任何时延。或者是网桥 ID 的根端口已经进入 Blocking 状态，并且新的根端口所连接的对端网桥的指定端口仍处于 Forwarding 状态，那么新的根端口可以立即进入 Forwarding 状态。即使是非边缘的指定端口，也可以通过与相连的网桥进行一次握手，等待对端网桥的赞同报文而快速进入 Forwarding 状态。当然，这有可能导致进一步的握手,但握手次数会受到网络直径的限制。

- MSTP:多生成树协议(Multiple Spanning Tree Protocol,MSTP)将多个 VLAN 捆绑到一个实例,每个实例生成独立的生成树,在多条 Trunk 链路上实现 VLAN 级负载分担。MSTP 具有 RSTP 的快速收敛,同时又具有负载分担机制,兼容 STP 和 RSTP。

三种模式的生成树的端口状态对比情况如图 14-1 所示。

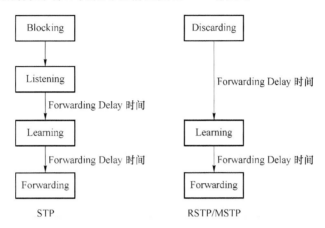

图 14-1　三种生成树协议的端口状态对比

14.4　实训环境

组网如图 14-2 所示。

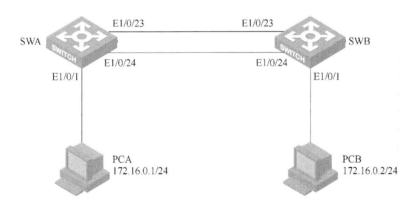

图 14-2　实训组网

14.5　实训设备

本实训所需主要设备及线缆如表 14-2 所示。

表 14-2　设备器材列表

名称和型号	版本	数量	描述
USB-COM 转接器		1	驱动文件见附录
H3C S3610	CMW5. 20 Release 5306	2	
PC	Windows XP SP3	2	
Console 配置线	——	1	
五类 UTP 以太网线		4	

14.6　命令列表

本实训所用到的命令如表 14-3 所示。

表 14-3　命令列表

命　令	命令视图	描　述
stp enable	系统视图	开启设备 STP 特性
stp mode 〈 stp ｜ rstp ｜ mstp 〉	系统视图	配置 STP 的工作模式
stp ［ instance *instance-id* ］ priority *priority*	系统视图	配置当前设备的优先级
stp edged-port enable	接口视图	配置端口为边缘端口
Display［ instance *intstance-id* ］［interface *interface-list* ］［ brief ］	任意视图	显示生成树的状态信息与统计信息

14.7　实训过程

本实训约需 4 学时。

 实训任务:STP 基本配置

本实训通过在交换机上配置 STP 根桥及边缘端口,使学员掌握 STP 根桥及边缘端口的配置命令和查看方法。然后通过观察端口状态迁移,来加深了解 RSTP/MSTP 协议的快速收敛特性。

步骤一:连接配置电缆

将 PC 通过标准 Console 电缆与交换机的 Console 口连接。电缆的 RJ-45 头一端连接交换机的 Console 口;9 针 RS-232 接口一端连接计算机的串行口。

检查设备的软件版本及配置信息,确保各设备软件版本符合要求,所有配置为初始状态。如果配置不符合要求,请学员在用户视图下擦除设备中的配置文件(reset saved-configuration),然后重启设备(reboot)以使系统采用缺省的配置参数进行初始化。再使用 sysname 命令给交换机命名为 SWA_yourName(或 SWB_yourName)。

步骤二:配置 STP

首先配置 SWA。在系统视图下启动 STP,并添加如下配置命令:

［SWA］stp priority 0

[SWA]interface Ethernet 1/0/1

[SWA-Ethernet1/0/1]stp edged-port enable

其中第一条配置命令的含义和作用是：_____

第二、第三条配置命令的含义是：_____

然后配置 SWB。在 SWB 上启动 STP 并设置 SWB 的优先级为 4096；并且配置连接 PC 的端口为边缘端口。请在下面的空格中写出完整的配置命令：(截图方式填空)

_____

_____

_____

步骤三：查看 STP 信息

在 SWA 上执行_____命令查看 STP 信息，执行_____命令查看 STP 简要信息，依据该命令输出的信息，可以看到 SWA 上所有端口的 STP 角色是_____，都处于_____状态。(截图方式填空，并回答有关问题)

在 SWB 上执行_____命令查看 STP 信息，执行_____命令查看 STP 简要信息，依据该命令输出的信息，可以看到 SWB 端口 E1/0/23 的 STP 角色是_____端口，处于_____状态，端口 E1/0/24 的 STP 角色是_____端口，处于_____状态；连接 PC 的端口 E1/0/1 的 STP 角色是_____端口，处于_____状态。(截图方式填空，并回答有关问题)

从上可以得知，STP 能够发现网络中的环路，并有选择地对某些端口进行阻塞，最终将环路网络结构修剪成无环路的树型网络结构。

步骤四：STP 冗余特性验证

分别配置 PCA、PCB 的 IP 地址为 172.16.0.1/24，172.16.0.2/24，配置完成后，在 PCA 上执行命令"ping 172.16.0.2-t"，以使 PCA 向 PCB 不间断地发送 ICMP 报文。

然后依据步骤三查看 SWB 上 STP 端口状态，确定交换机间端口_____处于转发状态。在 SWB 上将交换机之间处于 STP 转发状态端口的电缆断开，然后再次在 SWB 上查看 STP 端口状态(截图方式填空，并回答有关问题)，查看发现 SWB 端口_____处于转发状态。

通过如上操作以及显示信息可以看出，STP 不但能够阻断冗余链路，并且能够在活动链路断开时，通过激活被阻断的冗余链路而恢复网络的连通。

步骤五：端口状态迁移查看

在交换机 SWA 上断开端口 E1/0/1 的电缆，再重新连接，并且在 SWA 上通过命令 display stp brief 查看端口 E1/0/1 的状态(截图)。

可以看到，端口在连接电缆后马上成为转发状态。出现这种情况的原因是_____。

为了清晰地观察端口状态，我们在连接 PC 的端口 E1/0/1 上取消边缘端口配置，请在如下空格中填写完整的配置命令：(截图方式填空)

[SWA] interface Ethernet1/0/1

[SWA-Ethernet 1/0/1]_____

配置完成后,断开端口 E1/0/1 的电缆,再重新连接,并且在 SWA 上通过命令 display stp brief 查看端口 E1/0/1 的状态。注意每隔几秒钟执行命令查看一次(截图),以能准确地看到端口状态的迁移过程。可知,端口 E 1/0/1 从_____状态先迁移到_____状态,最后到_____状态。

从以上实训可知,取消边缘端口配置后,STP 收敛速度变_____(快/慢)了。

14.8 思考题

实训中,交换机 SWB 选择端口 E1/0/23 作为根端口,转发数据。能否使交换机选择另外一个端口 E1/0/24 作为根端口?

答:可以。缺省情况下,端口的 Cost 值是 200(100M 端口的缺省值),如果调整端口 E1/0/24 的 Cost 值为 100,SWB 从端口 E1/0/24 到达 SWA 的开销小于从端口 El/0/23 到达 SWA 的开销,则 STP 会选择端口 E1/0/24 作为根端口。

项目 15 配置链路聚合

15.1 实训目标

> 了解以太网交换机链路聚合的基本工作原理
> 掌握以太网交换机静态链路聚合的基本配置方法

15.2 项目背景

某公司由于业务的拓展,员工的数量大幅增长,导致现有的网络中员工访问内部服务器的速度下降,影响了正常的办公。现要求以最少的投入对现有的网络进行改造,提升网络的性能。从需求分析可知,服务器访问速度的下降是设备和链路的带宽不足造成的。解决这个问题有两种方案可以考虑:

- 方案一:将交换机替换成转发数据更快速的端口型号,增加接口的带宽;
- 方案二:可以采取端口聚合技术,增加交换机间的链路带宽。

比较两种解决方案,方案一需要替换现有的设备,增加了用户的投资,方案二在现有设备的基础上,以很少的投资解决了问题,故本次网络改造采取方案二。

15.3 知识背景

1. 链路聚合的简介

链路聚合是将多个物理以太网链路聚合在一起形成一个逻辑上的聚合端口组,使用链路聚合服务的上层实体把同一聚合组内的多条物理链路视为一条逻辑链路。其优点如下。

(1)增加链路带宽:通过把数据流分散在聚合组中各个成员端口,实现端口间的流量负载分担,从而有效地增加了交换机间的链路带宽。

(2)提供链路可靠性:聚合组可以实时监控同一聚合组内各个成员端口的状态,从而实现成员端口之间彼此动态备份。如果某个端口故障,聚合组及时把数据流从其他端口传输。

(3)链路聚合后,上层实体把同一聚合组内的多条物理链路视为一条逻辑链路,系统根据一定的算法,把不同的数据流分布到各成员端口上,从而实现基于流的负载分担。

2. 链路聚合分类

链路聚合可通过链路聚合控制协议(Link Aggregation Control Protocol,LACP)实现,该协议是一种基于 IEEE802.3ad 标准的、能够实现链路动态聚合与解聚合的协议。LACP协议通过链路聚合控制协议数据单元(Link Aggregation Control Protocol Data Unit,

LACPDU)与对端交互信息。

按照聚合方式的不同,链路聚合可以分为三类。

- 手工聚合:手工聚合端口的 LACP 协议为关闭状态,禁止用户使能手工聚合端口的 LACP 协议。静态聚合端口的 LACP 协议为使能状态,当一个静态聚合组被删除时,其成员端口将形成一个或多个动态 LACP 聚合,并保持 LACP 使能。禁止用户关闭静态聚合端口的 LACP 协议。

- 静态 LACP 聚合:静态 LACP 聚合由用户手工配置,不允许系统自动添加或删除聚合组中的端口。当聚合组只有一个端口时,只能通过删除聚合组的方式将该端口从聚合组中删除。静态聚合端口的 LACP 协议为使能状态,当一个静态聚合组被删除时,其处于 up 状态的成员端口将形成一个或多个动态 LACP 聚合,并保持 LACP 使能。系统禁止用户关闭静态聚合端口的 LACP 协议。

- 动态 LACP 聚合:动态 LACP 聚合是一种由系统自动创建或删除的聚合,不允许用户增加或删除动态 LACP 聚合组中的成员端口。只有速率和双工属性相同、连接到同一个设备、有相同基本配置的端口才能被动态聚合在一起。即使只有一个端口也可以创建动态 LACP 聚合,此时为单链路聚合。动态 LACP 聚合中,端口的 LACP 协议处于使能状态。在一个端口上关闭 LACP 协议将导致该端口退出所属的动态 LACP 聚合组。

3. 聚合的端口类型

- Selected 端口:参与流量转发的端口;
- Unselected 端口:不参与流量转发的端口;

在一个汇聚组中,处于 Selected 状态且端口号最小的端口为汇聚组的主端口(Master Port),其他处于 Selected 状态的端口为汇聚组的成员端口。

链路聚合对端口配置有一定的要求:在同一个聚合组中,能进行出/入负荷分担的成员端口必须有一致的配置。这些配置主要包括 STP,QoS,GVRP,QinQ,BPDU TUNNEL、VLAN、端口属性、MAC 地址学习等。在小型局域网中,最常用的链路聚合方式是静态聚合。

15.4　实训环境

组网如图 15-1 所示。

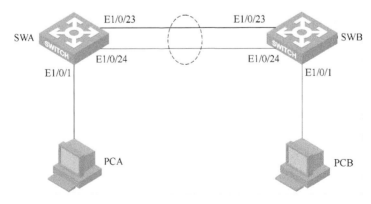

图 15-1　实训组网

15.5　实训设备

本实训所需主要设备及线缆如表 15-1 所示。

表 15-1　设备器材列表

名称和型号	版本	数量	描述
USB-COM 转接器		1	驱动文件见附录
H3C S3610	CMW5.20 Release 5306	2	
PC	Windows XP SP3	2	
Console 配置线	—	1	
五类 UTP 以太网线		4	

15.6　命令列表

本实训所用到的命令如表 15-2 所示。

表 15-2　命令列表

命　令	命令视图	描　述
interface bridge-aggregation *interface-ID*	系统视图	创建聚合端口
port link-aggregation group *number*	接口视图	将以太网端口加入聚合组
display link-aggregation summary	任意视图	查看链路聚合的概要信息

15.7　实训过程

本实训约需 4 学时。

 实训任务：交换机静态链路聚合配置

本实训通过在交换机上配置静态链路聚合，使学员掌握静态链路聚合的配置命令和查看方法。然后通过断开聚合组中的某条链路并观察网络连接是否中断，来加深了解链路聚合所实现的可靠性。

步骤一：连接配置电缆

将 PC（或终端）的串口通过标准 Console 电缆与交换机的 Console 口连接。电缆的 RJ-45 头一端连接交换机的 Console 口；9 针 RS-232 接口一端连接计算机的串行口。

检查设备的软件版本及配置信息，确保各设备软件版本符合要求，所有配置为初始状态。如果配置不符合要求，请学员在用户视图下擦除设备中的配置文件（reset saved-configuration），然后重启设备（reboot）以使系统采用缺省的配置参数进行初始化。进入系统视图后，使用 sysname 命令给交换机命名为 SWA_your name（或 SWB_your name）。

步骤二:配置静态聚合

链路聚合可以分为静态聚合和动态聚合,本实训任务是验证静态聚合。

- 配置 SWA,在 SWA 上完成如下配置:

[SWA] link-aggregation group 1 mode static

如上配置命令的含义是:_____

[SWA] interface Ethernet1/0/23

[SWA-Ethernet l/0/23] port link-aggregation group _____

补充如上空格中的配置命令并说明该命令的含义:_____

[SWA] interface Ethernet1/0/23

[SWA-Ethernet l/0/24] port link-aggregation group _____

- 配置 SWB,将端口 E1/0/23 和端口 E1/0/24 进行聚合,请在如下空格中补充完整的配置命令:(截图方式填空)

_____

_____

_____

_____

_____

步骤三:查看聚合组信息

分别在 SWA 和 SWB 上通过_____命令查看二层聚合端口所对应的聚合组摘要信息(截图),通过_____命令查看二层聚合端口所对应聚合组的详细信息。(截图)

通过查看聚合组摘要信息,可以得知该聚合组聚合端口类型是_____,聚合模式是_____,负载分担类型是_____,Select Ports 数是_____,Unselect Ports 数是_____。

步骤四:链路聚合组验证

表 15-3　IP 地址列表

设备名称	IP 地址	网关
PCA	172.16.0.1/24	
PCB	172.16.0.2/24	

按表 15-3 所示在 PC 上配置 IP 地址。

配置完成后,在 PCA 上执行 ping 命令,以使 PCA 向 PCB 不间断地发送 ICMP 报文。

注意观察交换机面板上的端口 LED 显示灯,闪烁表明_____。将聚合组中 LED 显示灯闪烁的端口上的电缆断开,观察 PCA 上发送的 ICMP 报文_____(有/无)丢失(截图说明)。

如上测试说明聚合组中的两个端口之间是_____的关系。

15.8　思考题

实训中,如果交换机间有物理环路产生广播风暴,除了断开交换机间链路外,还有什么处理办法?

答:可以在交换机上用命令 stp enable 来在交换机上启用生成树协议,用生成树协议来阻断物理环路。

项目 16 配置静态路由

16.1 实训目标

> ➢ 掌握路由转发的基本原理
> ➢ 掌握静态路由、缺省路由的配置方法
> ➢ 掌握查看路由表的基本命令

16.2 项目背景

某公司有两个局域网,每个局域网有一台出口路由器,现在需要将两个局域网通过各自的出口路由器连接起来。实现两个局域网的互通。

16.3 知识背景

两台路由器相连接的接口 IP 地址处于同一网段时,可以借助广域网协议实现互相通信,但是不同网段之间的连接,必须用过路由协议来实现路由信息的学习。路由协议分为两类:静态路由协议和动态路由协议,对于拓扑结构相对稳定的小型网络,采用静态路由协议较为适合。本实训中即是采用静态路由协议实现网络的互通。

1. 路由的含义

在因特网中进行路由选择要使用路由器,路由器根据所收到的报文的目的地址选择一条合适的路由(通过某一网络),并将报文传送到下一个路由器。路径中最后的路由器负责将报文送交目的主机。

2. 路由表

路由器转发分组的关键是路由表。每个路由器中都保存着一张路由表,表中每条路由项都指明了要到达某子网或某主机的分组应通过路由器的哪个物理接口发送就可到达该路径的下一个路由器,或者不需再经过别的路由器便可传送到直接相连的网络中的目的主机。

路由表中的路由按来源的不同,通常可分为以下三类。

(1) 直连(Direct)路由:直连路由不需要配置,当接口存在 IP 地址并且状态正常时,由路由进程自动生成。它的特点是开销小,配置简单,无须人工维护,但只能发现本接口所属网段的路由。

(2) 手工配置的静态(Static)路由:由管理员手工配置而成的路由称之为静态路由。通过静态路由的配置可建立一个互通的网络,但这种配置的问题在于:当一个网络故障发生

后,静态路由不会自动修正,必须有管理员的介入。静态路由无开销,配置简单,适合简单拓扑结构的网络。

(3)动态路由协议(Routing Protocol)发现的路由:当网络拓扑结构十分复杂时,手工配置静态路由工作量大而且容易出现错误,这时就可用动态路由协议(如 RIP,OSPF 等),让其自动发现和修改路由,避免人工维护。但动态路由协议开销大,配置复杂。

路由表中包含了下列关键要素。

- 目的地址/网络掩码(Destination / Mask):用来标识 IP 数据报文的目的地址或目的网络。将目的地址和网络掩码"逻辑与"后可得到目的主机或路由器所在网段的地址。例如:目的地址为 129.102.8.10、掩码为 255.255.0.0 的主机或路由器所在网段的地址为 129.102.0.0。掩码由若干个连续的"1"构成,既可以用点分十进制法表示,也可以用掩码中连续"1"的个数来表示。
- 出接口(Interface):指明 IP 报文将从该路由器哪个接口转发。
- 下一跳地址(Next-hop):更接近目的网络的下一个路由器地址。如果只配置了出接口,下一跳 IP 地址是出接口的地址。
- 路由优先级(Preference):对于同一目的地,可能存在若干条不同下一跳的路由,这些不同的路由可能是由不同的路由协议发现的,也可能是手工配置的静态路由。优先级高(数值小)的路由将成为当前的最优路由。
- 度量值(cost):说明 IP 包需要花费多大的代价才能到达目标。主要作用是当网络中存在到达目的网络的多个路径时,路由器可依据度量值而选择一条较优的路径发送 IP 报文,从而保证 IP 报文能更快更好地到达目的。

根据路由目的地的不同,可划分为。

- 子网路由:掩码长度小于 32,但大于 0,表明目的地为一个子网。
- 主机路由:掩码长度是 32 位的路由,表明目的地为一个主机。
- 默认路由:掩码长度为 0,表明此路由匹配全部 IP 地址。默认路由,也称为缺省路由(default route),是在没有找到任何匹配的路由时才使用的路由。为了不使路由表过于庞大,通常可以设置一条默认路由。凡数据包查找路由表失败,便根据默认路由转发。默认路由以目的网络为 0.0.0.0(掩码长度也为 0)的形式在路由表中出现,可以手工配置获得,也可以由某些动态路由协议生成,如 OSPF、IS-IS 和 RIP。

3. 静态路由

静态路由是一种特殊的路由,它由管理员手工配置。当网络结构比较简单时,只需配置静态路由就可以使网络正常工作。恰当地设置和使用静态路由可以改进网络的性能,并可为重要的网络应用保证带宽。

静态路由的缺点在于:当网络发生故障或者拓扑发生变化后,可能会出现路由不可达,导致网络中断,此时必须由网络管理员手工修改静态路由的配置。

16.4　实训环境

组网如图 16-1 所示。

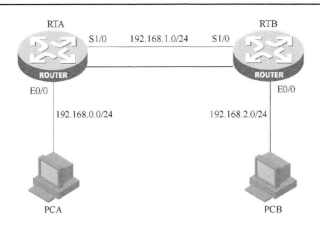

图 16-1 实训组网

16.5 实训设备

本实训所需主要设备及线缆如表 16-1 所示。

表 16-1 设备器材列表

名称和型号	版本	数量	描述
USB-COM 转接器		1	驱动文件见附录
H3C MSR20-40	CMW5.2-R1618P13-Standard	2	
PC	Windows XP SP3	2	
Console 配置线	—	1	
五类 UTP 以太网线		2	
V.35 DTE 串口线	—	1	
V.35 DCE 串口线	—	1	

16.6 命令列表

本实训所用到的命令如表 16-2 所示。

表 16-2 命令列表

命　令	命令视图	描　述
interface *interface-type interface-ID*	系统视图	进入接口视图
ip address { *ip-address prefix-length* | *ip-address ip-prefix* }	接口视图	配置某接口的 IP 地址及掩码
ip route-static *dest-address* { *mask* | *mask-length* } { *gateway-address* | *interface-type interface-name* }	系统视图	配置静态路由的目的地址/子网掩码及下一跳
display ip routing-table *ip-address* { *mask* | *mask-length* }	任意视图	显示 IP 路由表中匹配某个目的地址的路由
ipconfig	—	在 PC 的 Windows 系统中查看 IP 地址配置

16.7　实训过程

本实训约需 4 学时。

 实训任务一:直连路由与路由表查看

本实训主要是通过在路由器上查看路由表,观察路由表中的路由项。通过本次实训,学员能够掌握如何使用命令来查看路由表,以及了解路由项中各要素的含义。

步骤一:建立物理连接并运行超级终端

将 PC(或终端)通过标准 Console 电缆与路由器的 Console 口连接。

检查设备的软件版本及配置信息,确保各设备软件版本符合要求,所有配置为初始状态。如果配置不符合要求,请学员在用户视图下擦除设备中的配置文件(reset saved-configuration),然后重启设备(reboot)以使系统采用缺省的配置参数进行初始化。再使用 sysname 命令给路由器命名为 RTA_yourname(或 RTB_yourname)。

步骤二:在路由器上查看路由表

首先,在路由器的_____视图下通过执行_____命令查看路由器全局路由表,执行该命令(截图),从输出信息可知,目前路由器只有目的地址是_____的路由。

按表 16-3 所示在路由器接口上分别配置 IP 地址。

表 16-3　IP 地址列表

设备名称	接口	IP 地址	网关
RTA	S1/0	192.168.1.1/24	—
	E0/0	192.168.0.1/24	—
RTB	S1/0	192.168.1.2/24	—
	E0/0	192.168.2.1/24	—
PCA	—	192.168.0.2/24	192.168.0.1
PCB	—	192.168.2.2/24	192.168.2.1

配置完成后,再次通过_____查看 RTA 和 RTB 路由表(截图),从该命令的输出信息可以看出,路由表中的路由类型为_____,这种类型的路由是由链路层协议发现的路由,链路层协议 UP 后,路由器会将其加入路由表中。如果我们关闭链路层协议,则_____。

在 RTA 上通过在_____视图下执行_____命令关闭接口 Ethernet0/0,然后再次查看 RTA 和 RTB 路由表(截图),可以看到与该接口网段相关的路由_____(存在/消失)。

继续在 RTA 上在_____视图下执行_____命令开启接口 Ethernet0/0,然后再次查看 RTA 和 RTB 路由表(截图),可以看到与该接口网段相关的路由_____(存在/消失)。此时 RTA 和 RTB 各自的路由表中有_____条主机路由,有_____条子网路由。

从上述获得的截图信息中可以看出,

对于路由器 RTA 而言：

- 若收到目的 IP 地址属于网段 192.168.0.0/24 的数据包，则 RTA 依据自身路由表中的第_____条路由指引来转发该数据包。（该路由的下一跳的 IP 地址也是其_____接口的 IP 地址，而该路由的出接口也是_____）
- 若收到目的 IP 地址属于网段 192.168.1.0/24 的数据包，则 RTA 依据自身路由表中的第_____条路由指引来转发该数据包。（该路由的下一跳的 IP 地址也是其_____接口的 IP 地址，而该路由的出接口也是_____）

对于路由器 RTB 而言：

- 若收到目的 IP 地址属于网段 192.168.1.0/24 的数据包，则 RTB 依据自身路由表中的第_____条路由指引来转发该数据包。（该路由的下一跳的 IP 地址也是其_____接口的 IP 地址，而该路由的出接口也是_____）
- 若收到目的 IP 地址属于网段 192.168.2.0/24 的数据包，则 RTB 依据自身路由表中的第_____条路由指引来转发该数据包。（该路由的下一跳的 IP 地址也是其_____接口的 IP 地址，而该路由的出接口也是_____）

实训任务二：静态路由配置

本实训主要是通过在路由器上配置静态路由，从而使 PC 能跨网互访。通过本实训任务，希望学生能够掌握静态路由的配置，加深对路由环路产生原因的理解。

步骤一：配置 PC 的 IP 地址

按表 16-3 所示在 PC 上配置 IP 地址和网关。配置完成后，在 PC 上用 ping 命令来测试可达性。

在 PCA 上测试到网关(192.168.0.1)的可达性，ping 的结果是_____（通/不通）（截图）。

在 PCA 上用 ping 命令测试到 PCB 的可达性，ping 的结果是_____（通/不通）（截图），造成该结果的原因是_____。

步骤二：静态路由配置规划

要解决步骤一中出现的 PCA 与 PCB 之间可达性的问题，需要规划配置静态路由：

1.规划 RTA 上的静态路由，RTA 上应该配置一条目的网段为_____，下一跳为_____的静态路由。

2.规划 RTB 上的静态路由，RTB 上应该配置一条目的网段为_____，下一跳为_____，的静态路由。

步骤三：配置静态路由

依据步骤二的规划，在 RTA 上配置如下静态路由：

_____

在 RTB 上配置如下静态路由：

_____

配置完成后，分别在 RTA 和 RTB 上查看路由表（截图），可以看到路由表中有一条_____为 static，_____为 60 的静态路由，表明路由配置成功。

再次测试 PC 之间的可达性，在 PCA 上用 ping 命令测试到 PCB 的可达性（截图），结果是_____。

要查看 PCA 到 PCB 的数据报文的传递路径,可以在 PCA 上通过_____命令来查看(截图),查看结果是报文沿 PCA→_____→_____→ PCB 的路径被转发。

步骤四:路由环路观察

为了人为在 RTA 和 RTB 之间造成环路,可以在 RTA 和 RTB 上分别配置一条缺省路由,该路由的下一跳互相指向对方,因为路由器之间是用串口点到点相连的,所以_____(可以/不可以)配置下一跳为本地接口.

· 在 RTA 上配置该路由:

[RTA]ip route-static _____ s1/0

· 在 RTB 上配置该路由:

[RTB]ip route-static _____ s1/0

配置完成后,在路由器上查看路由表(截图)。

在 RTA 上查看路由表,可以看到一条优先级为_____,协议类型为_____的缺省路由。

在 RTB 上查看路由表,可以看到一条优先级为_____,协议类型为_____的缺省路由。

可知,缺省路由配置成功。

然后在 PCA 上用_____命令追踪到目的 IP 地址 3.3.3.3 的数据报文的转发路径(截图),由以上输出可以看到,到目的地址 3.3.3.3 的报文匹配了_____路由,报文在和_____和_____之间循环转发。造成该现象的原因是:_____。

16.8 思考题

在实训任务二中,如果仅在 RTA 上配置静态路由,不在 RTB 上配置,那么 PCA 发出的数据报文能到达 PCB? PCA 能 ping 通 PCB 吗?

答:PCA 发出的数据报文能到达 PCB。因为 RTA 有相匹配的路由,从而转发到 RTB,而 RTB 上有直连路由到 PCB 所在的网段,故 PCA 发出的数据报文能到达 PCB。但 PCA 不能 ping 通 PCB,因为 RTB 上没有到 PCA 的回程路由,而 ping 报文是双向的,从 PCB 返回的 ping 报文在 RTB 上被丢弃。但在实际应用中,从一个网段到另一网段的单通,意义不大。基本所有的常见应用都是基于 TCP 的,需要三次握手完成,这就必须两网段之间互相通达才能建立。

项目 17　配置 RIP 网络

17.1　实训目标

➢ 加深 RIP 协议原理的理解
➢ 了解 RIP 实现运行机制
➢ 熟悉 RIP 路由配置
➢ 熟悉 RIP 路由维护

17.2　项目背景

某公司有两个局域网,每个局域网有一台出口路由器,现在需要将两个局域网通过各自的出口路由器连接起来,欲通过 RIP 协议实现两个局域网的互通。

17.3　知识背景

两台路由器相连接的接口 IP 地址处于同一网段时,可以借助广域网协议实现互相通信,但是不同网段之间的连接,必须通过路由协议来实现路由信息的学习。路由协议分为两类:静态路由协议和动态路由协议,对于中小型的网络,采用 RIP 路由协议即可满足要求。本实训中即是采用 RIP 路由协议实现网络的互通。

1. RIP 简介

路由信息协议(Routing Information Protocol,RIP)是一种较为简单的内部网关协议(Interior Gateway Protocol, IGP)。主要用于规模较小的网络中,由于 RIP 的实现较为简单,在配置和维护管理方面也远比 OSPF 和 IS-IS 容易,因此在实际组网中仍有广泛的应用。比如校园网以及结构较简单的地区性网络,但对于更为复杂的环境和大型网络,一般不建议使用 RIP。

RIP 是一种基于距离矢量(Distance-Vector)算法的协议,它通过 UDP 报文进行路由信息的交换,使用的端口号为 520。RIP 使用跳数来衡量到达目的地址的距离,跳数称为度量值。在 RIP 中,路由器到与它直接相连网络的跳数为 0,通过与其相连的路由器到达另一个网络的跳数为 1,其余依此类推。为限制收敛时间,RIP 规定度量值取 0~15 之间的整数,大于或等于 16 的跳数被定义为无穷大,即目的网络或主机不可达。由于这个限制,使得RIP 不适合应用于大型网络。

2. RIP 路由表的维护

路由器对 RIP 协议维护一个单独的路由表,也称为 RIP 路由表。这个表中的有效路由会被添加到 IP 路由表中,作为转发的依据。从 IP 路由表中撤去的路由,可能仍然存在于 RIP 路由表中。RIP 路由信息维护是由定时器来完成的。RIP 协议定义了以下 3 个重要的定时器。

- Update 定时器,定义了发送路由更新的时间间隔。该定时器默认值为 30 s。
- Timeout 定时器,定义了路由老化时间。如果在老化时间内没有收到关于某条路由的更新报文,则该条路由的度量值将会被设置为无穷大(16),并从 IP 路由表中撤销。该定时器默认值为 180 s。
- Garbage-Collect 定时器,定义了一条路由从度量值变为 16 开始,直到它从路由表里被删除所经过的时间。如果 Garbage-Collect 超时,该路由仍没有得到更新,则该路由将被彻底删除。该定时器默认值为 120 s。

3. RIP 避免路由环路的解决方案

在维护路由表信息的时候,如果在拓扑发生改变后,网络收敛缓慢产生了不协调或者矛盾的路由选择条目,就会发生路由环路的问题,这种条件下,路由器对无法到达的网络路由不予理睬,导致用户的数据包不停地在网络上循环发送,最终造成网络资源的严重浪费。

为提高性能,防止产生路由环路,RIP 支持以下多项功能。

- 路由毒化(Route Poisoning)

所谓路由毒化就是路由器主动把路由表中发生故障的路由项以度量值无穷大(16)的形式通告给 RIP 邻居,以使邻居能够及时得知网络发生故障。通过路由毒化机制,RIP 协议能够保证与故障网络直连的路由器有正确的路由信息。

- 水平分割(Split Porizon)

水平分割的思想就是 RIP 路由器从某个接口学到的路由,不会再从该接口发回给邻居路由器。水平分割是在距离矢量路由协议中最常用的避免环路发生的解决方案之一。为了阻止环路,在 RIP 协议中水平分割缺省是被开启的。

- 毒性逆转(Poison Reverse)

毒性逆转是指,RIP 从某个接口学到路由后,将该路由的度量值设置为无穷大(16),并从原接口发回邻居路由器。

毒性逆转与水平分割有相似的应用场合和功能。但与水平分割相比,毒性逆转更加健壮 和安全。因为毒性逆转是主动把网络不可达信息通知给其他路由器。毒性逆转的缺点是路由更新中路由项数量增多,浪费网络带宽与系统开销。

- 触发更新(Triggered Update)

触发更新机制是指,当路由表中路由信息产生改变时,路由器不必等到更新周期到来,而立即发送路由更新给相邻路由器。

- 定义最大值

在多路径网络环境中,如果路由环路产生,则会使路由器中路由项的跳数不断增大,网络无法收敛。通过给每种距离矢量路由协议度量值定义一个最大值,能够解决上述问题。RIP 协议规定度量值是跳数,所能达到的最大值为 16。路由项度量值达到最大值(16)后,路由器将认为该路由所指示的目的网络不可达,去往该网络的数据包将被丢弃不再被转发。

通过定义最大值,距离矢量路由协议可以解决发生环路时路由度量值无限增大的问题,同时也校正了错误的路由信息。但是,在最大度量值到达之前,路由环路还是会存在,即定义最大值只是种补救措施、只能减少路由环路存在的时间,并不能避免环路的产生。

- 抑制时间

抑制时间规定,当一条路由的度量值变为无穷大 (16)时,该路由将进入抑制状态。在被抑制状态,只有来自同一邻居且度量值小于无穷大 (16)的路由更新才会被路由器接收,取代不可达路由。

以上解决方案能在一定程度上避免 RIP 协议的网络上出现路由环路,但在实际网络中,通常是多个方案结合共同应用,而非单一使用某一种方案,这样才能最大限度地避免环路。

4. RIPv2

RIP 包括两个版本:RIPv1 和 RIPv2。RIPv1 是有类别路由协议,协议报文中不携带掩码信息,不支持 VLSM(可变长子网掩码)。RIPv1 只支持以广播方式发布协议报文。RIPv1 发送协议报文时不携带掩码,路由交换过程中有时会造成错误,另外,不支持认证,只能以广播方式发布协议报文。

RIPv2 是一种无类别路由协议(Classless Routing Protocol)。RIPv2 协议报文中携带掩码信息,支持 VLSM 和 CIDR;支持以组播方式发送路由更新报文,其组播地址为 224.0.0.9,减少网络与系统资源消耗;支持对协议报文进行验证,提供明文验证和 MD5 验证两种方式,增强安全性。

17.4 实训环境

组网如图 17-1 所示。

图 17-1 实训组网

17.5 实训设备

本实训所需主要设备及线缆如表 17-1 所示。

表 17-1　设备器材列表

名称和型号	版本	数量	描述
USB-COM 转接器		1	驱动文件见附录
H3C MSR20-40	CMW5.2-R1618P13-Standard	2	
PC	Windows XP SP3	2	
Console 配置线	—	1	
五类 UTP 以太网线		2	
V.35 DTE 串口线	—	1	
V.35 DCE 串口线	—	1	

17.6　命令列表

本实训所用到的命令如表 17-2 所示。

表 17-2　命令列表

命　令	命令视图	描　述
rip [process-id]	系统视图	创建 RIP 进程并进入 RIP 视图
network network-address	RIP 视图	手工指定 IP 地址
display rip	任意视图	显示 RIP 进程的当前运行状态及配置信息
silent-interface { all | interface-type interface-ID }	RIP 视图	配置接口工作在抑制状态
undo rip split-horizon	接口视图	取消接口的水平分割功能
rip poison-reverse	接口视图	使能 RIP 毒性逆转功能
version { 1 | 2 }	RIP 视图	指定全局 RIP 版本
undo summary	RIP 视图	关闭 RIPv2 自动路由聚合功能
rip authentication-mode { md5 { rfc2082 key-string key-id | rfc2453 key-string } | simple password }	接口视图	配置 RIPv2 报文的认证
debugging rip 1 packet	用户视图	查看指定 RIP 进程收发报文的情况
terminal debugging	用户视图	终端显示调试信息
terminal monitor	用户视图	打开终端监视

17.7　实训过程

本实训约需 6 学时。

 实训任务一:配置 RIPv1

本实训主要通过在路由器上配置 RIPv1 协议,达到 PC 之间能够互访的目的。通过本次实训,学员应能够掌握 RIPv1 协议的基本配置。

步骤一:连接配置电缆

将 PC(或终端)的串口通过标准 Console 电缆与路由器的 Console 口连接。

检查设备的软件版本及配置信息,确保各设备软件版本符合要求,所有配置为初始状态。如果配置不符合要求,请学员在用户视图下擦除设备中的配置文件(reset saved-configuration),然后重启设备(reboot)以使系统采用缺省的配置参数进行初始化。进入系统视图,使用 sysname 命令给交换机命名为 RTA_your name(或 RTB_your name)。

步骤二:在 PC 和路由器配置 IP 地址

表 17-3 IP 地址列表

设备名称	接口	IP 地址	网关
RTA	S1/0	192.168.1.1/24	—
	E0/0	192.168.0.1/24	—
RTB	S1/0	192.168.1.2/24	—
	E0/0	192.168.2.1/24	—
PCA	—	192.168.0.2/24	192.168.0.1
PCB	—	192.168.2.2/24	192.168.2.1

按表 17-3 所示在 PC 上配置 IP 地址和网关。配置完成后用 ping 命令测试网络的可达性。

- 在 PCA 上用 ping 命令测试到网关 192.168.0.1 的可达性(截图),测试结果是:_____(通/不通)
- 在 PCA 上用 ping 命令测试到 PCB 的可达性(截图),测试结果是_____(通/不通),产生该结果的原因是_____

步骤三:启用 RIP 协议

- 在 RTA 上配置 RIP 相关命令如下:

[RTA]rip

如上配置命令的含义是_____

[RTA-rip-1] network 192.168.0.0

如上命令提示符中数字 1 的含义是_____

如上配置命令的含义是_____

[RTA-rip-1] network 192.168.1.0

- 在 RTB 上创建 RIP 进程并在 RTB 的两个接口上使能 RIP,在如下的空格处填写具体命令:

_____

_____

步骤四:查看路由表并检测 PC 之间互通性

完成步骤三后,在路由器 RTA 和 RTB 上通过_____命令查看路由表。(截图)

在 RTA 上可以看到_____条目的网段为_____优先级为_____的 RIP 路由。

在 RTB 上可以看到_____条目的网段为_____优先级为_____的 RIP 路由。

在 PCA 上通过 ping 命令检测 PCB 之间的互通性(截图),其结果是_____

步骤五:查看 RIP 的运行状态

在 RTA 上通过命令 display rip 查看 RIP 运行状态(截图),从其输出信息可知,目前路由器运行的版本是_____,自动聚合功能是_____(打开/关闭)的;路由更新周期(Update time)是_____秒,network 命令所指定的网段是_____。

打开 RIP 的 debugging,观察 RIP 收发协议报文的情况,看到如下 debugging 信息:

<RTA>terminal debugging

<RTA>terminal monitor

<RTA>debugging rip 1 packet

由以上输出(截图)可知,RTA 在接口 Ethernet0/0 上发送(sending)的路由更新以及在接口 Serial1/0 上发送(sending)的路由更新,目的地址都为_____,也即是以_____(单播/组播/广播)方式发送的。同时可以看到发送以及接收的路由更新网段信息_____(有/没有)携带掩码。

分析以上输出的路由更新,可以发现,RTA 在接口 Serial1/0 上收到路由 192.168.2.0,而不会再把此路由从接口 Serial1/0 上发出去。原因是_____。

步骤六:查看水平分割与毒性逆转

在 RTA 上添加如下配置:

[RTA-Serial1/0]undo rip split-horizon

如上配置命令的含义是在_____,配置完成后,看到 debugging 信息(截图):

由以上输出可知,在水平分割功能关闭的情况下,RTA 在接口 Serial1/0 上发送(sending)的路由更新包含了路由_____。也就是说,路由器把从接口 Serial1/0 学到的路由_____又从该接口发送了出去。这样容易造成路由环路。

另外一种避免环路的方法是毒性逆转。在 RTA 的接口 Serial1/0 上启用毒性逆转,请在如下的空格中补充完整的配置命令:

[RTA-Serial1/0]_____

配置完成后,看到 debugging 信息(截图):

由以上输出信息可知,启用毒性逆转后,RTA 在接口 Serial1/0 上发送的路由更新包含了路由 192.168.2.0,但度量值(cost)为_____。相当于显式地告诉 RTB,从 RTA 的接口 Serial1/0 上不能到达网络 192.168.2.0。

步骤七:配置接口工作在抑制状态

在前面的实训中,路由器在所有接口都发送协议报文,包括连接 PC 的接口。实际上,PC 并不需要接收 RIP 协议报文。我们可以在_____视图下配置_____命令使接口只接收而不发送 RIP 协议报文。

配置 RTA 接口 Ethernet0/0 工作在抑制状态,请补充完整的配置命令(截图方式填空):

_____

配置 RTB 接口 Ethernet0/0 工作在抑制状态,请补充完整的配置命令(截图方式填空):

_____

配置完成后,用 debugging 命令来观察 RIP 收发协议报文的情况(截图)。可以发现,RIP 不再从接口 Ethernet0/0 发送(sending)协议报文了。

这种方法的另外一个好处是防止路由泄漏而造成网络安全隐患。比如,公司某台运行 RIP 的路由器连接到公网,那就可以通过配置 silent-interface 而防止公司内网中的路由泄漏到公网上。

此步骤完成后,在路由器上关闭 debugging。

<RTA>undo debugging all

<RTB>undo debugging all

 实训任务二:配置 RIPv2

本实训首先通过让 RIPv1 在划分子网的情况下不能正确学习路由,从而让学员了解到 RIPv1 的局限性;然后指导学员启用 RIPv2 协议。通过本实训,学员应该能够了解 RIPv1 的局限性,并掌握如何在路由器上配置 RIPv2。

步骤一:建立物理连接并运行超级终端

将 PC(或终端)的串口通过标准 Console 电缆与路由器的 Console 口连接。

检查设备的软件版本及配置信息,确保各设备软件版本符合要求,所有配置为初始状态。如果配置不符合要求,请学员在用户视图下擦除设备中的配置文件(reset saved-configuration),然后重启设备(reboot)以使系统采用缺省的配置参数进行初始化。进入系统视图,使用 sysname 命令给交换机命名为 RTA_your name(或 RTB_your name)。

步骤二:在 PC 和路由器配置 IP 地址

按表 17-4 在路由器接口以及 PC 上配置 IP 地址。

表 17-4　IP 地址列表

设备名称	接口	IP 地址	网关
RTA	S1/0	192.168.1.1/24	—
	E0/0	192.168.0.1/24	—
RTB	S1/0	192.168.1.2/24	—
	E0/0	10.0.0.1/24	—
PCA	—	192.168.0.2/24	192.168.0.1
PCB	—	10.0.0.2/24	10.0.0.1

步骤三:配置 RIPv1,观察路由表

在 RTA 上创建 RIPv1 进程并在 RTA 的两个接口上使能 RIP,具体命令为(截图方式填空):

_____

_____

在 RTB 上创建 RIPv1 进程并在 RTB 的两个接口上使能 RIP,具体命令为(截图方式填空):

_____

_____

_____

配置完成后,在 RTA 上通过_____命令查看路由表(截图),从路由表输出信息可以看到,RTA 路由表中通过 RIP 协议学习到的路由目的网段为_____,网段与实际 RTB 的网络(10.0.0.0/24)_____(一致/不一致),导致这种结果的原因是_____,要解决该问题可以_____。

步骤四:配置 RIPv2

在步骤三的基础上配置 RTA 、RTB 的 RIP 版本为 Version 2,在正确视图下配置 RIPv2 的命令(截图方式填空):

_____

要使得 RIPv2 能够向外发布子网路由和主机路由,而不是按照自然掩码发布网段路由,还需要_____,在正确视图下完成该配置的命令(截图方式填空):

_____

配置完成后,在 RTA 上查看路由表(截图),可以看到,RTA 学习到的 RIP 路由的目的网段为_____,此时如果路由表中仍然有路由 10.0.0.0/8,其原因可能是_____。

在 RTA 上通过命令 display RIP 查看 RIP 运行状态(截图),从其输出信息可知,当前 RIP 的运行版本是_____。

步骤五:配置 RIPv2 认证

在 RTA 上添加如下配置:

[RTA-Serial1/0]rip authentication-mode md5 rfc2453 aaaaa

如上配置命令的含义是在_____,

配置 RTB 的 S10 启动 RFC 2453 格式的 MD5 认证,密钥为 abcde ,请在如下空格中填写完整的配置命令(截图方式填空):

_____,

因为原有的路由需要过一段时间才能老化,所以可以将接口关闭再启用,加快重新学习路由的过程。例如,关闭再启用 RTA 的接口 Serial1/0,如下:

[RTA-Serial1/0]shutdown

[RTA-Serial1/0]undo shutdown

配置完成后,在路由器上查看路由表(截图),在 RTA 的路由表中没有 RIP 路由,在 RTB 的路由表中也没有 RIP 路由。可以看到,因认证密码不一致,RTA 不能够学习到对端设备发来的路由。

修改 RTB 的 MD5 认证密钥,使其与 RTA 认证密钥一致,请在如下空格中补充完整的配置命令(截图方式填空):

[RTB-Serial1/0]rip authentication-mode md5 rfc2453 _____

配置完成后,等待一段时间,再查看 RTA 上的路由表(截图),可以看到,RTA 路由表中有了正确的路由 10.0.0.0 /24 。请在如下空格中说明为什么需要等待一段时间后才能看到正确的路由:_____

17.8 思考题

1. 上述实训中,若路由器在一段时间之中不再收到路由更新,才能将此路由从 IP 路由表中撤销。能否将此时间缩短?

答:可以将老化定时器设置为一个较小的值,缩短路由的老化时间,加快网络收敛。例如,配置老化定时器到 60 s:

[RTA-rip-1] timers timeout 60

2. 上述 RIP 认证实训中,RTA 上查看收发 RIP 协议报文时,看不到所配置的密码,为什么?

答:实训中所配置的认证为 MD5 密文认证。如果配置了明文认证,则可以在收发协议报文中看到密码。但明文认证的安全性不如 MD5 认证。

项目 18　配置 OSPF 网络

18.1　实训目标

> 掌握单区域 OSPF 配置方法
> 掌握 OSPF 优先级的配置方法
> 掌握 OSPF Cost 的配置方法
> 掌握 OSPF 路由选择的方法
> 掌握多区域 OSPF 的配置方法

18.2　项目背景

某公司有两个局域网,每个局域网有一台出口路由器 RTA 和 RTB,现在需要将两个局域网通过各自的出口路由器连接起来,欲通过 OSPF 协议实现两个局域网的互通。

18.3　知识背景

1. OSPF 简介

开放最短路径优先(Open Shortest Path First,OSPF)是基于链路状态的自治系统内部路由协议。OSPF 仅传播对端设备不具备的路由信息,网络收敛迅速,并有效避免了网络资源浪费;直接工作于 IP 层之上,IP 协议号为 89;以组播地址发送协议包。目前针对 IPv4 协议使用的是 OSPF Version2(RFC2328)。

链路状态路由协议基于 Dijkstra 算法,也称为最短路径优先算法。Dijkstra 算法对路由的计算方法和距离矢量路由协议有本质的差别。在距离矢量路由协议中,所有的路由表项学习完全依靠邻居,交换的是整个路由表项。而在 Dijkstra 算法中,路由器关心网络中链路或接口的状态(up 或 down、IP 地址、掩码),然后将自己已知的链路状态向该区域的其他路由器通告,这些通告称为链路状态通告。通过这种方式,区域内的每台路由器都能建立一个本区域的完整的链路状态数据库。然后路由器根据收集到的链路状态信息来创建它自己的网络拓扑图,形成一个到各个目的网段的加权有向图。

OSPF 具有如下特点。

- 适应范围广——支持各种规模的网络,最多可支持几百台路由器。
- 快速收敛——在网络的拓扑结构发生变化后立即发送更新报文,使这一变化在自治系统中同步。

- 无自环——由于 OSPF 根据收集到的链路状态用最短路径树算法计算路由,从算法本身保证了不会生成自环路由。
- 区域划分——允许自治系统的网络被划分成区域来管理,区域间传送的路由信息被进一步抽象,从而减少了占用的网络带宽。
- 等价路由——支持到同一目的地址的多条等价路由。
- 路由分级——使用 4 类不同的路由,按优先顺序来说分别是:区域内路由、区域间路由、第一类外部路由、第二类外部路由。
- 支持验证——支持基于接口的报文验证,以保证报文交互的安全性。
- 组播发送——在某些类型的链路上以组播地址发送协议报文,减少对其他设备的干扰。

2. OSPF 路由的计算过程

OSPF 协议路由的计算过程可简单描述如下。

(1) 每台 OSPF 路由器根据自己周围的网络拓扑结构生成 链路状态通告(Link State Advertisement,LSA),并通过更新报文将 LSA 发送给网络中的其他 OSPF 路由器。

(2) 每台 OSPF 路由器都会收集其他路由器通告的 LSA,所有的 LSA 放在一起便组成了链路状态数据库(Link State Database,LSDB)。LSA 是对路由器周围网络拓扑结构的描述,LSDB 则是对整个自治系统的网络拓扑结构的描述。

(3) OSPF 路由器将 LSDB 转换成一张带权的有向图,这张图便是整个网络拓扑结构的真实反映。各个路由器得到的有向图是完全相同的。

(4) 每台路由器根据有向图,使用 SPF 算法计算出一棵以自己为根的最短路径树,这棵树给出了到自治系统中各节点的路由。

简而言之,OSPF 协议工作过程分为:寻找邻居、建立邻接关系、链路状态信息传递、计算路由的 4 个阶段。

3. 路由器 ID 号

一台路由器如果要运行 OSPF 协议,则必须存在路由器 ID(RouterID,RID)。RID 是一个 32 比特无符号整数,可以在一个自治系统中唯一地标识一台路由器。

RID 可以手工配置,也可以自动生成;如果没有通过命令指定 RID,将按照如下顺序自动生成一个 RID:

(1) 如果当前设备配置了 Loopback 接口,将选取所有 Loopback 接口上数值最大的 IP 地址作为 RID;

(2) 如果当前设备没有配置 Loopback 接口,将选取它所有已经配置 IP 地址且链路有效的接口上数值最大的 IP 地址作为 RID。

3. OSPF 的协议报文

OSPF 协议报文直接封装为 IP 报文,协议号为 89。OSPF 有五种类型的协议报文。

- Hello 报文:周期性发送,用来发现和维持 OSPF 邻居关系,以及进行指定路由器(Designated Router,DR)/备份指定路由器(Backup Designated Router,BDR)的选举。OSPF 的 Hello 报文计时器每隔 10 s 发送一次,保持时间 40 s,即如果在 40 s 内没收到 Hello,则认为邻居不存在。在非广播网络中(帧中继),每隔 30 s 发送一次,保持时间 120 s。

- 数据库描述(Database Description,DD)报文:描述了本地链路状态数据库(Link State Database,LSDB)中每一条链路状态通告(Link State Advertisement,LSA)的摘要信息,用于两台路由器进行数据库同步。
- 链路状态请求(Link State Request,LSR)报文:向对方请求所需的 LSA。两台路由器互相交换 DD 报文之后,得知对端的路由器有哪些 LSA 是本地的 LSDB 所缺少的,这时需要发送 LSR 报文向对方请求所需的 LSA。
- 链路状态更新(Link State Update,LSU)报文:向对方发送其所需要的 LSA。
- 链路状态确认(Link State Acknowledgment,LSAck)报文:用来对收到的 LSA 进行确认。

4. OSPF 协议分区域管理

随着网络规模日益扩大,当一个大型网络中的路由器都运行 OSPF 协议时,LSDB 会占用大量的存储空间,并使得运行最短路径优先(Shortest Path First,SPF)算法的复杂度增加,导致 CPU 负担加重。

在网络规模增大之后,拓扑结构发生变化的概率也增大,网络会经常处于"振荡"之中,造成网络中会有大量的 OSPF 协议报文在传递,降低了网络的带宽利用率。更为严重的是,每一次变化都会导致网络中所有的路由器重新进行路由计算。

OSPF 协议通过将自治系统划分成不同的区域来解决上述问题。区域是从逻辑上将路由器划分为不同的组,每个组用区域号来标识。如图 18-1 所示。

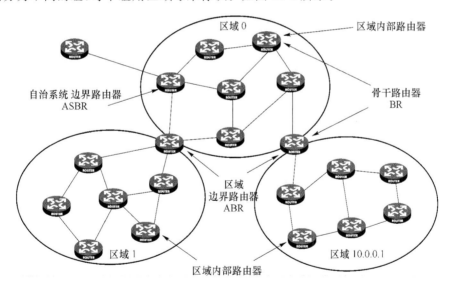

图 18-1　OSPF 区域划分图

区域的边界是路由器,而不是链路。一个路由器可以属于不同的区域,但是一个网段(链路)只能属于一个区域,或者说每个运行 OSPF 的接口必须指明属于哪一个区域。划分区域后,可以在区域边界路由器上进行路由聚合,以减少通告到其他区域的 LSA 数量,还可以将网络拓扑变化带来的影响最小化。

OSPF 划分区域后,为有效管理区域间通信,需要有一个区域作为所有区域的枢纽,负责汇总每一个区域的网络拓扑路由到其他所有的区域,所有的区域间通信都必须通过该区域,这个区域称为骨干区域(Backbone Area)。协议规定区域 0 是骨干域保留的区域旧号。所有非骨干区域都必须与骨干区域相连,非骨干区域之间不能直接交换数据包,它们之间的路由传递只能通过区域 0 完成。区域 ID 仅是对区域的标识,与它内部的路由器 IP 地址分配无关。

至少有一个接口与骨干区域相连的路由器被称为骨干路由器(Backbone Router)。连接一个或多个区域到骨干区域的路由器被称为区域边界路由器(Area Border Routers,ABR),这些路由器一般会成为域间通信的路由网关。

- 自治系统边界路由器(Autonomous System Boundary Router,ASBR):OSPF 区域内的路由器与其他自治系统相连的路由器,OSPF 自治系统要与其他的自治系统通信必然借助这种路由器。自治系统边界路由器可以是位于 OSPF 自治系统内的任何一台路由器。

- 内部路由器(Internal Router):所有接口都属于同一个区域的路由器,它只负责域内通信或同时承担自治系统边界路由器的任务。

- 区域边界路由器 ABR(Area Border Routers):该类路由器可以同时属于两个以上的区域,但其中一个必须是骨干区域。ABR 用来连接骨干区域和非骨干区域,可以是实际连接,也可以是虚连接。

5. OSPF 网络类型

OSPF 根据链路层协议类型将网络分为下列四种类型。

- 广播(Broadcast)类型:当链路层协议是 Ethernet、FDDI 时,缺省情况下,OSPF 认为网络类型是 Broadcast。在该类型的网络中,通常以组播形式(OSPF 路由器的预留 IP 组播地址是 224.0.0.5;OSPF DR 的预留 IP 组播地址是 224.0.0.6)发送 Hello 报文、LSU 报文和 LSAck 报文;以单播形式发送 DD 报文和 LSR 报文。

- 非广播多路访问(Non-Broadcast Multi-Access,NBMA)类型:当链路层协议是帧中继、ATM 或 X.25 时,缺省情况下,OSPF 认为网络类型是 NBMA。在该类型的网络中,以单播形式发送协议报文。

- 点到多点(Point-to-MultiPoint,P2MP)类型:没有一种链路层协议会被缺省地认为是 P2MP 类型。P2MP 必须是由其他的网络类型强制更改的,常用做法是将 NBMA 网络改为 P2MP 网络。在该类型的网络中,缺省情况下,以组播形式(224.0.0.5)发送协议报文。可以根据用户需要,以单播形式发送协议报文。

- 点到点(Point-to-Point,P2P)类型:当链路层协议是 PPP、HDLC 时,缺省情况下,OSPF 认为网络类型是 P2P。在该类型的网络中,以组播形式(224.0.0.5)发送协议报文。

NBMA 与 P2MP 网络之间的区别如下。

- NBMA 网络是全连通的;P2MP 网络并不需要一定是全连通的。

- NBMA 网络中需要选举 DR 与 BDR;P2MP 网络中没有 DR 与 BDR。

- NBMA 网络采用单播发送报文,需要手工配置邻居;P2MP 网络采用组播方式发送报文,通过配置也可以采用单播发送报文。

18.4   实训环境

组网如图 18-2、图 18-3、图 18-4 所示。

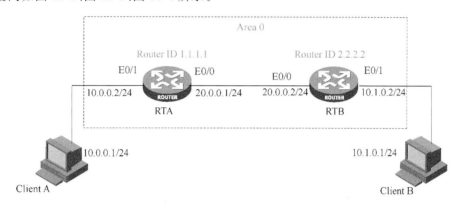

图 18-2   实训组网一

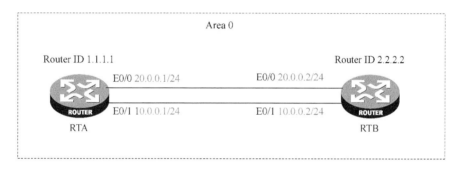

图 18-3   实训组网二

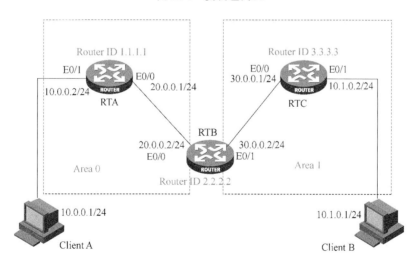

图 18-4   实训组网三

18.5　实训设备

本实训所需主要设备及线缆如表 18-1 所示。

表 18-1　设备器材列表

名称和型号	版本	数量	描述
USB-COM 转接器		1	驱动文件见附录
H3C MSR20-40	CMW5.2-R1618P13-Standard	若干	
PC	Windows XP SP3	2	
Console 配置线	—	1	
五类 UTP 以太网线		若干	
V.35 DTE 串口线	—	若干	
V.35 DCE 串口线	—	若干	

18.6　命令列表

本实训所用到的命令如表 18-2 所示。

表 18-2　命令列表

命　令	命令视图	描　述
router id *ip-address*	系统视图	配置 Router ID
ospf [*process-id*]	系统视图	启动 OSPF 进程
area *area-id*	OSPF 视图	配置 OSPF 区域
network *network-address wildcard-mask*	OSPF 区域视图	在指定的接口上启动 OSPF
ospf dr-priority *priority*	接口视图	配置 OSPF 接口优先级
ospf cost *value*	接口视图	配置 OSPF 接口 Cost

18.7　实训过程

本实训约需 6 学时。

 实训任务一：单区域 OSPF 基本配置

实训任务一组网如图 18-2 所示。本组网模拟单区域 OSPF 的应用。RTA 和 RTB 分别是客户端 ClientA 和 ClientB 的网关。RTA 设置 Loopback 接口地址 1.1.1.1 为 RTA 的 Router ID,RTB 设置 Loopback 接口地址 2.2.2.2 为 RTB 的 Router ID,RTA 和 RTB 都属于同一个 OSPF 区域 0。RTA 和 RTB 之间的网络能互通,客户端 ClientA 和 ClientB 能互通。

步骤一:搭建实训环境并完成基本配置

首先,依照图 18-2 搭建实训环境。

将 PC 通过标准 Console 电缆与路由器的 Console 口连接。

检查设备的软件版本及配置信息,确保各设备软件版本符合要求,所有配置为初始状态。如果配置不符合要求,请学员在用户视图下擦除设备中的配置文件(reset saved-configuration),然后重启设备(reboot),以使系统采用缺省的配置参数进行初始化。进入系统视图,使用 sysname 命令给交换机命名为 RTA_your name(或 RTB_your name)。

依据图 18-2 配置路由器接口 IP 地址以及 Client 的 IP 及网关地址。

步骤二:检查网络连通性和路由器路由表

在 Client A 上 ping Client B(IP 地址为 10.1.0.1),结果是_____（截图）,导致这种结果的原因是_____。

步骤三:配置 OSPF

配置 OSPF 的基本命令包括:

1:首先在_____视图下配置 Router ID;

2:其次再配置_____,该配置需要在_____视图下完成;

3:之后需要在_____视图下配置 OSPF 区域;

4:最后在_____视图下通过_____命令在相关网段使能 OSPF。

依据如上基本配置命令,分别在下面的空格中完成 RTA、RTB 的 OSPF 基本配置命令。

- 在 RTA 上完成 OSPF 如下配置:

[RTA]router id 1.1.1.1

[RTA]ospf 1　　//其中数字 1 的含义是_____

[RTA-ospf-1]area 0.0.0.0

[RTA-ospf-l-area-0.0.0.0]network 1.1.1.1 _____

[RTA-ospf-l-area-0.0.0.0]network 10.0.0.0 _____

[RTA-ospf-l-area-0.0.0.0]network 20.0.0.0 _____

- 在 RTB 上配置 OSPF:

_____

_____

_____

_____

步骤四:检查路由器 OSPF 邻居状态及路由表

在路由器上可以通过_____命令查看路由器 OSPF 邻居状态。

- 通过如上命令在 RTA 上查看路由器 OSPF 邻居状态（截图）,依据输出信息可以看到,RTA 与 Router ID 为_____的路由器互为邻居,此时,邻居状态达到_____,说明 RTA 和 RTB 之间的链路状态数据库_____,RTA 具备到达 RTB 的路由信息。

在 RTA 上使用_____命令查看路由器的 OSPF 路由表（截图）。

在 RTA 上使用_____命令查看路由器全局路由表（截图）。依据此命令输出信息显

示,可以看到,RTA 的路由表中有_____条 OSPF 路由,其优先级分别为_____,
_____,Cost 值为_____,_____。

- 在 RTB 上也执行以上操作,并完成如上信息的查看(截图)。

步骤五:检查网络连通性

在 ClientA 上 ping ClientB(IP 地址为 10.1.0.1),其结果是_____(截图)

在 ClientB 上 ping ClientA(IP 地址为 10.0.0.1),其结果是_____(截图)

实训任务二:单区域 OSPF 增强配置

实训任务二组网如图 18-3 所示,由 2 台 MSR3020(RTA、RTB)路由器组成。本组网模拟实际组网中 OSPF 的路由选择。RTA 设置 Loopback 接口地址 1.1.1.1 为 RTA 的 Router ID,RTB 设置 Loopback 接口地址 2.2.2.2 为 RTB 的 Router ID,RTA 和 RTB 都属于同一个 OSPF 区域 0。RTA 和 RTB 之间有两条链路连接。

步骤一:搭建实训环境并完成基本配置

首先,依照图 18-3 所示搭建实训环境。

将 PC 通过标准 Console 电缆与路由器的 Console 口连接。

检查设备的软件版本及配置信息,确保各设备软件版本符合要求,所有配置为初始状态。如果配置不符合要求,请学员在用户视图下擦除设备中的配置文件(reset saved-configuration),然后重启设备(reboot)以使系统采用缺省的配置参数进行初始化。进入系统视图,使用 sysname 命令给交换机命名为 RTA_your name(或 RTB_your name)。

- 依据图 18-3 配置路由器接口的 IP 地址。

步骤二:OSPF 基本配置

在路由器上完成基本 OSPF 配置,并在相关网段使能 OSPF。

1. 在 RTA 上配置 OSPF:(截图)

_____

_____

_____

_____

_____

2. 在 RTB 上配置 OSPF:(截图)

_____

_____

_____

_____

_____

步骤三:检查路由器 OSPF 邻居状态及路由表

- 在 RTA 上使用_____命令查看路由器 OSPF 邻居状态(截图),根据输出信息可以看到:RTA 与 Router ID 为_____(RTB)的路由器建立了两个邻居,RTA 的 E0/0 接口与 RTB 配置 IP 地址为_____的接口建立一个邻居,该邻居所在的网段为_____;另外,RTA 的 E0/1 接口与 RTB 配置的 IP 地址为_____的接口建立一个邻居,该邻居所在的网段为_____

在 RTA 上使用_____查看路由器 OSPF 路由表(截图),根据输出信息可以看到,RTA 的 OSPF 路由表上有_____条到达 RTB 的 2.2.2.2/32 网段的路由,分别是邻居_____发布的,这几条路由的 cost 值_____(相同/不相同)。

在 RTA 上使用_____查看路由器全局路由表(截图),根据输出信息可以看到,在 RTA 路由器全局路由表内,有_____条到达 RTB 的 2.2.2.2/32 网段的等价 OSPF 路由。

- 在 RTB 上也执行以上的操作,查看相关信息(截图)。

步骤四:修改路由器 OSPF 接口开销

配置修改路由器 OSPF 接口开销需要在_____视图下通过_____命令完成。

修改 RTA 的 E0/0 接口的 OSPF 开销为 150,请在如下空格中填写完整的配置命令:

_____

_____

步骤五:检查路由器路由表

在 RTA 上使用_____命令查看路由器 OSPF 路由表(截图),并通过_____命令查看路由器全局路由表(截图),根据输出信息可以看到,在 RTA 的 OSPF 路由表上有_____条到达 RTB 的 2.2.2.2/32 网段的路由,导致这种结果的原因是_____

步骤六:修改路由器 OSPF 接口优先级

修改路由器 OSPF 接口优先级需要在_____视图下通过_____命令完成。

修改 RTB 的 E0/0 接口的 OSPF 优先级为 0,请在如下空格中填写完整的配置命令(截图形式填空):

_____

_____

步骤七:在路由器上重启 OSPF 进程

在路由器上重启 OSPF 进程需要在_____视图下通过_____命令完成。

将 RTA 的 OSPF 进程重启,具体配置命令为_____

将 RTB 的 OSPF 进程重启,具体配置命令为_____

步骤八:查看路由器 OSPF 邻居状态

OSPF 进程重新启动后,在 RTA、RTB 上使用_____命令查看路由器的 OSPF 邻居状态(截图),依据输出信息可以看到,_____成为网段 20.0.0.0/24 的 DR,_____成为网段 20.0.0.0/24 的 DROther,这是因为_____

实训任务三:多区域 OSPF 基本配置

步骤一:搭建实训环境并完成基本配置

首先,依照图 18-4 所示搭建实训环境,由 3 台路由器(RTA、RTB、RTC),2 台 PC(Client A、Client B)组成。本组网模拟实际组网中多区域 OSPF 的应用。RTA 和 RTC 分别是客户端 Client A 和 Client B 的网关。RTA 设置 Loopback 接口地址 1.1.1.1 为 RTA 的

Router ID,RTB 设置 Loopback 接口地址 2.2.2.2 为 RTB 的 Router ID,RTC 设置 Loopback 接口地址 3.3.3.3 为 RTC 的 Router ID。RTA 和 RTB 的 E0/0 口属于同一个 OSPF 区域 0,RTB 的 E0/1 口和 RTC 属于同一个 OSPF 区域 1。RTA、RTB 和 RTC 之间的网络能互通,客户端 Client A 和 Client B 能互通。

将 PC(或终端)的串口通过标准 Console 电缆与路由器的 Console 口连接。

检查设备的软件版本及配置信息,确保各设备软件版本符合要求,所有配置为初始状态。如果配置不符合要求,请学员在用户视图下擦除设备中的配置文件(reset saved-configuration),然后重启设备(reboot)以使系统采用缺省的配置参数进行初始化。进入系统视图,使用 sysname 命令给交换机命名为 RTA_your name(或 RTB_your name 或 RTC_your name)。

- 依据图 18-4 配置路由器以及 Client 的 IP 地址及网关地址。

步骤二:OSPF 基本配置

RTA 的两个接口都属于 OSPF 区域_____,RTB 的两个接口分别属于 OSPF 区域_____,和区域_____,RTC 的两个接口都属于 OSPF 区域_____。

- 在 RTA 上完成基本 OSPF 配置,并在相关网段使能 OSPF,其完整命令为(截图方式填空):

- 在 RTB 上完成基本 OSPF 配置,并配置正确的区域以及在相关网段使能 OSPF,其完整命令为(截图方式填空):

- 在 RTC 上完成基本 OSPF 配置,并配置正确的区域以及在相关网段使能 OSPF,其完整命令为(截图方式填空):

步骤三:检查路由器 OSPF 邻居状态及路由表

在 RTB 上使用_____查看路由器 OSPF 邻居状态(截图),根据输出信息可以得知:

在 Area 0.0.0.0 内,RTB 的_____接口与 RTA 配置 IP 地址为 20.0.0.1 的接口建立邻居关系,该邻居所在的网段为_____,_____接口为该网段的 DR 路由器;

在 Area 0.0.0.1 内,RTB 的_____接口与 RTC 配置 IP 地址为 30.0.0.1 的接口建立邻居关系,该邻居所在的网段为_____,_____接口为该网段的 DR 路由器。

在 RTB 上使用_____命令查看路由器 OSPF 路由表(截图),使用_____命令查看路由器全局路由表(截图)。

在 RTA、RTB、RTC 上分别使用_____命令查看各自的 OSPF 的链路状态数据库 LSDB(截图),由显示的信息可知:在相同区域中的 LSDB_____(一致/不一致),在不同区域中的 LSDB_____(相同/不相同)。

步骤四:检查网络连通性

在 ClientA 上 ping ClientB(IP 地址为 10.1.0.1),其结果是_____(截图)

在 ClientB 上 ping ClientA(IP 地址为 10.0.0.1),其结果是_____(截图)

18.8　思考题

1. 在 OSPF 区域内指定网段接口上启动 OSPF 时,是否必须包含 Router ID 地址? 为什么配置时往往会将 RouterID 的地址包含在内?

答:不需要。在 OSPF 区域内,指定网段接口上启动 OSPF 时,配置 Router ID 地址其实是发布路由器上的 Loopback 接口地址。

2. 在本实训任务二的步骤四中,修改了 RTA 的 E0/0 接口的 Cost 值,那么在步骤五里,如果在 RTB 上查看路由表,会有几条到达 RTA 的 1.1.1.1/32 网段的路由? 为什么?

答:2 条等价路由,修改 RTA 的 E0/0 的接口 Cost 值,只能影响 RTA 到 RTB 的路由计算,不能影响 RTB 到 RTA 的路由计算。

3. 在本实训任务三的步骤三中,RTB 查询到的 LSDB 链路状态数据库与 RTA 和 RTC 的 LSDB 之间的关系是怎样的?

答:RTB 属区域边界路由,故有两个 LSDB,分别对应区域 0 和区域 1,其中一个 LSDB 与区域 0 的 RTA 的 LSDB 相同,另一个与区域 1 的 RTC 的 LSDB 相同。

项目 19 配置包过滤防火墙

19.1 实训目标

> 理解包过滤防火墙的工作原理
> 掌握访问控制列表的基本配置方法
> 掌握访问控制列表的常用配置命令

19.2 项目背景

某公司企业网通过设备 Router 实现各部门之间的互连。要求使用某种技术，禁止其他部门在上班时间（8:00 至 18:00）访问工资查询服务器（IP 地址为 192.168.2.2），而总裁办公室（IP 地址为 192.168.0.2）不受限制，可以随时访问。

19.3 知识背景

针对上述需求，可以利用 ACL 技术，实现网络访问的控制功能。

1. ACL

访问控制列表（Access Control List,ACL）是用来实现流识别的。网络设备为了过滤报文，需要配置一系列的匹配规则，以识别出特定的报文，然后根据预先设定的策略允许或禁止该报文通过。ACL 通过一系列的匹配条件对报文进行分类，这些条件可以是报文的源地址、目的地址、端口号等。

由 ACL 定义的报文匹配规则，可以被下列需要对流量进行区分的场合引用。

- 包过滤防火墙（Packet Filter Firwall）功能：网络设备的包过滤防火墙功能用于实现包过滤。配置基于访问控制列表的包过滤防火墙，可以在保证合法用户的报文通过的同时拒绝非法用户的访问。比如，要实现只允许财务部的员工访问服务器而其他部门的员工不能访问，可以通过包过滤防火墙丢弃其他部门访问服务器的数据包来实现。

- 网络地址转换（Network Address Translation,NAT）：公网地址的短缺使 NAT 的应用需求旺盛，而通过设置访问控制列表可以来规定哪些数据包需要进行地址转换。比如，通过设置 ACL 只允许属于 192.168.1.0/24 网段的用户通过 NAT 转换访问 Internet。

- 服务质量（QualityofService,QoS）的数据分类：QoS 是指网络转发数据报文的服务品质保障。新业务的不断涌现对 IP 网络的服务品质提出了更高的要求,用户已不再满足于简单地将报文送达目的地,而是希望得到更好的服务,诸如为用户提供专用带宽、减少报文的丢失率等。QoS 可以通过 ACL 实现数据分类,并进一步对不同类别的数据提供有差别的服务。比如,通过设置 ACL 来识别语音数据包并对其设置较高优先级,就可以保障语音数据包优先被网络设备所转发,从而保障 IP 语音通话质量。

- 路由策略和过滤:路由器在发布与接收路由信息时,可能需要实施一些策略,以便对路由信息进行过滤。比如,路由器可以通过引用 ACL 来对匹配路由信息的目的网段地址实施路由过滤,过滤掉不需要的路由而只保留必需的路由。
- 按需拨号:配置路由器建立 PSTN/ISDN 等按需拨号连接时,需要配置触发拨号行为的数据,即只有需要发送某类数据时路由器才会发起拨号连接。这种对数据的匹配也通过配置和引用 ACL 来实现。

2. 包过滤防火墙的原理

包过滤防火墙配置在路由器的接口上,并且具有方向性。每个接口的出站方向(Outbound)和入站方向(Inbound)均可配置独立的防火墙进行包过滤。包过滤防火墙的规则设定通过引用 ACL 来实现。仅当数据包经过一个接口时,才能被此接口的此方向的 ACL 过滤。

当数据包被路由器接收时,就会受到入接口上入站方向的防火墙过滤;反之,当数据包即将从一个接口发出时,就会受到出接口上出站方向的防火墙过滤。当然,如果该接口该方向上没有配置包过滤防火墙,数据包就不会被过滤,而直接通过。

包过滤防火墙对进出的数据包逐个检查其 IP 地址、协议类型、端口号等信息,与自身所引用的 ACL 进行匹配,根据 ACL 的规则(rule)设定丢弃数据包或转发之。

3. ACL 构成

一个 ACL 可以包含多条规则(rule),每条规则都定义了一个匹配条件及其相应动作。

ACL 规则的匹配条件主要包括数据包的源 IP 地址、目的 IP 地址、协议号、源端口号、目的端口号等;另外还可以有 IP 优先级、分片报文位、MAC 地址、VLAN 信息等。不同的 ACL 分类所能包含的匹配条件也不同。ACL 规则的动作有两个:允许(permit)或拒绝(deny)。

4. ACL 分类

根据规则制订依据的不同,可以将 ACL 分为如表 19-1 所示的几种类型。

表 19-1　ACL 的分类

ACL 类型	编号范围	规则制订依据
基本 ACL	2000～2999	报文的源 IPv4 地址
高级 ACL	3000～3999	报文的源 IPv4 地址、目的 IPv4 地址、报文优先级、IPv4 承载的协议类型及特性等三、四层信息
二层 ACL	4000～4999	报文的源 MAC 地址、目的 MAC 地址、802.1p 优先级、链路层协议类型等二层信息
用户自定义 ACL	5000～5999	以报文头为基准,指定从报文的第几个字节开始与掩码进行"与"操作,并将提取出的字符串与用户定义的字符串进行比较,从而找出相匹配的报文

5. ACL 规则的匹配顺序

匹配顺序即指 ACL 中规则的优先级。当一个 ACL 中包含多条规则时,报文会按照一定的顺序与这些规则进行匹配,一旦匹配上某条规则便结束匹配过程。ACL 的规则匹配顺序有以下两种:

- 配置顺序(config):按照用户配置规则的先后顺序进行规则匹配。
- 自动排序(auto):按照"深度优先"的顺序进行规则匹配,即地址范围小的规则被优先进行匹配。

注意:ACL 中的每条规则都有自己的编号,这个编号在该 ACL 中是唯一的。在创建规则时,可以手工为其指定一个编号,如未手工指定编号,则由系统为其自动分配一个编号。由于规则的编号可能影响规则匹配的顺序,因此当由系统自动分配编号时,为了方便后续在已有规则之前插入新的规则,系统通常会在相邻编号之间留下一定的空间,这个空间的大小(即相邻编号之间的差值)就称为 ACL 的步长。譬如,当步长为 5 时,系统会将编号 0、5、10、15……依次分配给新创建的规则。

5. 选择合适的位置部署 ACL

在网络中部署 ACL 包过滤防火墙时,需要慎重考虑部署的位置。如果一个网络中有多台路由器,部署的原则是,尽可能在靠近数据源的路由器接口上配置 ACL,以减少不必要的流量转发,一般遵循以下原则。

- 高级 ACL 的条件设定比较精确,应该在靠近被过滤源的接口上应用 ACL,以尽早阻止不必要的流量进入网络。
- 基本 ACL 只能依据源 IP 地址匹配数据包,过于靠近被过滤源的基本 ACL 可能阻止该源访问合法目的,故应在不影响其他合法访问的前提下,尽可能使 ACL 靠近被拒绝的源。

19.4 实训环境

组网如图 19-1 所示。

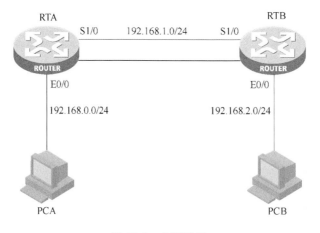

图 19-1　实训组网

19.5　实训设备

本实训所需主要设备及线缆如表 19-2 所示。

表 19-2　设备器材列表

名称和型号	版本	数量	描述
USB-COM 转接器		1	驱动文件见附录
H3C MSR20-40	CMW5.2-R1618P13-Standard	2	
PC	Windows XP SP3	2	
Console 配置线	—	1	
五类 UTP 以太网线		2	
V.35 DTE 串口线	—	1	
V.35 DCE 串口线	—	1	

19.6　命令列表

本实训所用到的命令如表 19-3 所示。

表 19-3　命令列表

命　令	命令视图	描　述
firewall enable	系统视图	启动防火墙功能
firewall default { permit | deny }	系统视图	设置防火墙的默认过滤方式
acl number *acl-ID* [name *acl-name*] [match-order { auto | config }]	系统视图	创建一个 ACL，并进入相应的 ACL 视图
rule [*rule-id*] { deny | permit } [fragment | logging | source { *sour-addr sour-wildcard* | any } | time-range *time-name*]	ACL 视图	定义一个基本 ACL 规则
rule [*rule-id*] { deny | permit } *protocol* [{ { ack *ack-value* | fin *fin-value* | psh *psh-value* | rst *rst-value* | syn *syn-value* | urg *urg-value* } * | established } | counting | destination { *dest-address dest-wildcard* | any } | destination-port *operator port*1 [*port*2] | { dscp *dscp* | { precedence *precedence* | tos *tos* } * } | fragment | icmp-type { *icmp-type* [*icmp-code*] | *icmp-message* } | logging | source { *source-address source-wildcard* | any } | source-port *operator port*1 [*port*2] | time-range *time-range-name* | vpn-instance *vpn-instance-name*]	ACL 视图	定义一个高级 ACL 规则
display acl *acl-ID* [name *acl-name*]	任意视图	显示配置的 ACL 的信息
display firewall-statistics { all | interface *interface-type interface-ID* | fragments-inspect }	任意视图	显示防火墙的统计信息

19.7 实训过程

本实训约需 4 学时。

 实训任务一:配置基本 ACL

本实训任务通过在路由器上实施基本 ACL 来禁止 PCA 访问 PCB。

步骤一:建立物理连接并初始化路由器配置

将 PC 通过标准 Console 电缆与路由器的 Console 口连接。

检查设备的软件版本及配置信息,确保各设备软件版本符合要求,所有配置为初始状态。如果配置不符合要求,请学员在用户视图下擦除设备中的配置文件(reset saved-configuration),然后重启设备(reboot),以使系统采用缺省的配置参数进行初始化。进入系统视图,使用 sysname 命令给交换机命名为 RTA_your name(或 RTB_your name)。

步骤二:配置 IP 地址及路由

表 19-4 IP 地址列表

设备名称	接口	地址	网关
RTA	S1/0	192.168.1.1/24	—
	E0/0	192.168.0.1/24	—
RTB	S1/0	192.168.1.2/24	—
	E0/0	192.168.2.1/24	—
PBA	—	192.168.0.2/24	192.168.2.1
PBB	—	192.168.2.2/24	192.168.2.1

- 按表 19-4 所示在 PC 上配置 IP 地址和网关。配置完成后,在 Windows 操作系统的【开始】里选择【运行】,在弹出的窗口里输入 CMD,然后在【命令提示符】下用 ipconfig 命令来查看所配置的 IP 地址和网关是否正确(截图)。
- 学员可自己选择在路由器上配置静态路由或任一种动态路由(RIP 或 OSPF),来达到全网互通(截图说明配置步骤)。

- 配置完成后,请在 PCA 上通过 ping 命令来验证 PCA 与路由器、PCA 与 PCB 之间的可达性,其结果应该可达(截图)。如果不可达,请参考本教材相关章节来检查路由协议是否设置正确。

步骤三:ACL 应用规划

本实训的目的是使 PCA 不能访问 PCB,也就是 PC 之间不可达。请考虑以下问题:
- 需要使用何种 ACL?
- ACL 规则的动作是 deny 还是 permit?
- ACL 规则中的反掩码应该是什么?
- ACL 包过滤应该应用在路由器的哪个接口的哪个方向上?

步骤四:配置基本 ACL 并应用

首先要在 RTA 上配置开启防火墙功能并设置防火墙的缺省过滤方式,请在下面的空格中补充完整的命令:

[RTA]_____

[RTA]firewall default _____

其次配置基本 ACL,基本 ACL 的编号范围是_____,请在下面的空格中补充完整的命令:

[RTA]acl number 2001

[RTA-acl-basic-2001]_____(截图方式填空)

最后要在 RTA 的接口上应用 ACL 才能确保 ACL 生效。请在下面的空格中写出完整的命令,在正确的接口正确的方向上应用该 ACL:

_____(截图方式填空)

步骤五:验证防火墙作用及查看

在 PCA 上使用 ping 命令来测试从 PCA 到 PCB 的可达性(截图),结果是_____

同时在 RTA 上通过命令 display acl 2001 查看 ACL 的统计(截图),从其输出信息中可以看到:

Rule 0 _____ times matched

根据该显示可以得知有数据包命中了 ACL 中定义的规则。

在 RTA 上通过_____命令查看所有的防火墙的统计信息(截图),依据该命令输出的信息可以看到:

Firewall is _____,default filtering method is _____

Interface:_____

In-bound Policy:_____

 实训任务二:配置高级 ACL

步骤一:建立物理连接并初始化路由器配置

将 PC(或终端)的串口通过标准 Console 电缆与路由器的 Console 口连接。

检查设备的软件版本及配置信息,确保各设备软件版本符合要求,所有配置为初始状态。如果配置不符合要求,请学员在用户视图下擦除设备中的配置文件(reset saved-configuration),然后重启设备(reboot),以使系统采用缺省的配置参数进行初始化。进入系统视图,使用 sysname 命令给交换机命名为 RTA_your name(或 RTB_your name)。

步骤二:配置 IP 地址及路由

表 19-5　IP 地址列表

设备名称	接口	地址	网关
RTA	S1/0	192.168.1.1/24	—
	E0/0	192.168.0.1/24	—
RTB	S1/0	192.168.1.2/24	—
	E0/0	192.168.2.1/24	—
PCA	—	192.168.0.2/24	192.168.0.1
PCB	—	192.168.2.2/24	192.168.2.1

- 按表 19-5 所示在 PC 上配置 IP 地址和网关。配置完成后,在 Windows 操作系统的【开始】里选择【运行】,在弹出的窗口里输入 CMD,然后在【命令提示符】下用 ipconfig 命令来查看所配置的 IP 地址和网关是否正确(截图)。
- 学员可自己选择在路由器上配置静态路由或任一种动态路由(RIP 或 OSPF),来达到全网互通(截图说明配置步骤)。

- 配置完成后,查看路由器全局路由表(截图)。
- 请在 PCA 上通过 ping 命令来验证 PCA 与路由器、PCA 与 PCB 之间的可达性,其结果应该可达(截图)。如果不可达,请检查路由协议是否设置正确。
- 建立 FTP 服务器:在 PCB 上,运行 miniftp 文件夹中的,双击文件"(mini)ftp20CN.exe",更改图 19-2 中账户及密码为 B 的同学的学号和姓名(截图),然后单击"启动服务",并注意禁止 PCB 的 IIS 中的 FTP 服务。

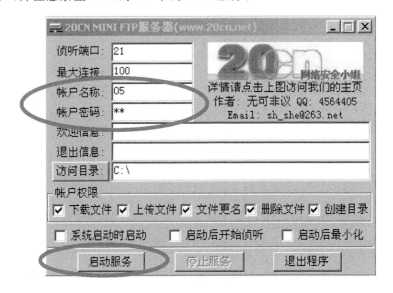

图 19-2　建立 FTP 服务器

- 验证 FTP 服务:PCA 访问 PCB 上的 FTP,验证未使用 ACL 时＿＿＿＿＿(能/否)访问 PCB 的 FTP 服务器。(截图说明)

步骤三:ACL 应用规划

本实训的目的是禁止从 PCA 到网络 192.168.2.0/24 的 FTP 数据流,但允许其他数据流通过。请学员考虑以下问题。

- 需要使用何种 ACL?
- ACL 规则的动作是 deny 还是 permit?
- ACL 规则中的反掩码应该是什么?
- ACL 包过滤应该应用在路由器的哪个接口的哪个方向上?

步骤四:配置高级 ACL 并应用

首先要在 RTA 上配置开启防火墙功能并设置防火墙的缺省过滤方式,请在下面的空格中补充完整的命令:

［RTA］_____

［RTA］firewall default _____

其次配置高级 ACL,高级 ACL 的编号范围是_____,请在下面的空格中补充完整的命令:(截图方式填空)

［RTA］acl number 3002

［RTA-acl-adv-3002］rule _____

［RTA-acl-adv-3002］rule _____

最后要在 RTA 的接口上应用 ACL 才能确保 ACL 生效,请在下面的空格中写出完整的命令,在正确的接口正确的方向上应用该 ACL:(截图方式填空)

_____

_____

步骤四:验证防火墙作用及查看

- 在 PCA 上使用 ping 命令来测试从 PCA 到 PCB 的可达性(截图),结果是_____
- PCA 再次访问 PCB 上的 FTP(截图),结果应该是 FTP 请求被_____
- 同时在 RTA 上通过命令 display acl 3002 查看 ACL 的统计(截图),由其输出信息可以看到:

Rule 0 _____ times matched, Rule 5 _____ times matched,

根据该显示可以得知有数据包命中了 ACL 中定义的规则。

在 RTA 上通过_____命令查看所有的防火墙统计信息(截图),根据其输出信息可以看到数据报文被 permitted,denied 的百分比。

19.8　思考题

1. 在实训任务一中,在配置 ACL 的时候,最后是否需要配置如下这条允许其他所有报文的规则? 为什么?

［RTA-acl-basic-2001］rule permit source any

答:不需要,因为防火墙的缺省过滤方式是 permit,也就意味着系统将转发没有命中 ACL 匹配规则的数据报文。

2. 在实训任务一的步骤五中,在 PCB 上使用 ping 命令来测试从 PCB 到 PCA 的可达性,结果如何?

答:不通,因为 ping 的回程数据流命中了 ACL 匹配规则,被 deny。

3. 在实训任务二中,可以把 ACL 应用在 RTB 上吗?

答:可以,起到的效果是一样的。但在 RTA 上应用可以减少不必要的流量处理与转发。

项目 20   配置 NAT

20.1   实训目标

➢ 掌握 Basic NAT 的配置方法

➢ 掌握 NAPT 的配置方法

➢ 掌握 Easy IP 的配置方法

➢ 掌握 NAT Server 的配置方法

20.2   项目背景

某公司允许局域网中部分计算机（192.168.0.0/24)通过网关设备可以访问 Internet，并且内部存在 FTP Server，需要为在公司外面工作的员工提供访问该服务器的资源。

20.3   知识背景

1. NAT 简介

网络地址转换(Network Address Translation,NAT)是将 IP 数据报报头中的 IP 地址转换为另一个 IP 地址的过程。在实际应用中,用户可能希望某些内部的主机具有访问 Internet(外部网络)的权利,而某些主机不允许访问。即当 NAT 进程查看数据报报头内容时,如果发现源 IP 地址是为那些不允许访问网络的内部主机所拥有的,它将不进行 NAT 转换。这就是一个对地址转换进行控制的问题。

我们可以在路由器上通过定义地址池来实现多对多地址转换,同时利用访问控制列表来对地址转换进行控制。

2. 相关 NAT 的基本概念

NAT 主要用于实现私有网络访问外部网络的功能。这种通过使用少量的公有 IP 地址代表多数的私有 IP 地址的方式将有助于减缓可用 IP 地址空间枯竭的速度。

• 私有地址:是指内部网络或主机地址。

RFC1918 为私有网络预留出了三个 IP 地址块,如下:

A 类:10.0.0.0～10.255.255.255

B 类:172.16.0.0~172.31.255.255

C 类:192.168.0.0~192.168.255.255

上述三个范围内的地址不会在因特网上被分配,因而可以不必向 ISP 或注册中心申请而在公司或企业内部自由使用。

- 公有地址:是指在因特网上全球唯一的 IP 地址。
- 地址池:用于地址转换的一些公有 IP 地址的集合。用户应根据自己拥有的合法 IP 地址数目、内部网络主机数目以及实际应用情况,配置恰当的地址池。地址转换的过程中,将会从地址池中挑选一个地址作为转换后的源地址。

利用访问控制列表限制地址转换:只有满足访问控制列表条件的数据报文才可以进行地址转换。这可以有效地控制地址转换的使用范围,使特定主机能够有权力访问 Internet。

3. NAT 的四种形式

- Basic NAT

Basic NAT 是最简单的一种地址转换方式,它只对数据包的 IP 层参数进行转换。Basic NAT 转换只做一对一的地址转换,只转换数据包的地址而不转换端口。

- NAPT

网络地址端口转换(Nat Address Port Translation,NAPT)对数据包的 IP 地外、协议类型。传输层端口号同时进行转换。可以显著提高公有 IP 地址的利用效率。在标准的 NAPT 配置中需要创建公网地址池,所以必须预先得到确定的公网 IP 地址范围。

- EasyIP

EasyIP 也称为基于接口的地址转换。在地址转换时,EasyIP 的工作原理与普通 NAPT 相同,对数据包的 IP 地址、协议类型、传输层端口号同时进行转换。但 EasyIP 直接使用相应公网接口的 IP 地址作为转换后的源地址。由于不必事先配置公网地址池,EasyIP 适用于动态获得 Internet 或公网 IP 地址的场合。

- NAT Server

从 BasicNAT 和 NAPT 的工作原理可见,NAT 表项由私网主机主动向公网主机发起访问而触发建立,公网主机无法主动向私网主机发起连接。因此 NAT 隐藏了内部网络的结构,具有屏蔽内部主机的作用。但是在实际应用中,在使用 NAT 的同时,内部网络可能需要对外提供服务,例如 Web 服务、FTP 服务等,常规的 NAT 就无法满足要求了。

为了满足公网客户端访问私网内部服务器的需求,需要引入 NAT Server 特性,将私网地址/端口静态映射成公网地址/端口,以供公网客户端访问。当然 NAT Server 并不是一种独立的技术,只是 Basic NAT 和 NAPT 的一种具体应用而已。

20.4　实训环境

组网如图 20-1 所示。

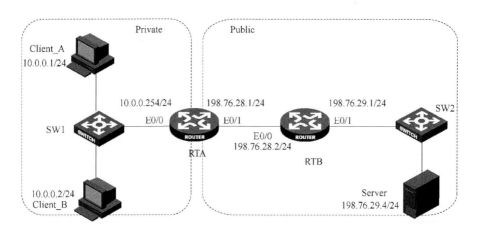

图 20-1　实训组网

20.5　实训设备

本实训所需主要设备及线缆如表 20-1 所示。

表 20-1　设备器材列表

名称和型号	版本	数量	描述
USB-COM 转接器		1	驱动文件见附录
H3C MSR20-40	CMW5.2-R1618P13-Standard	2	
H3C S3610	CMW5.20 Release 5306	2	
PC	Windows XP SP3	3	
Console 配置线	—	1	
五类 UTP 以太网线		6	

20.6　命令列表

本实训所用到的命令如表 20-2 所示。

表 20-2　命令列表

命　令	命令视图	描　述
nat address-group *group-ID start-addr end-addr*	系统视图	配置地址池
nat outbound *acl-ID* address-group *group-ID* no-pat	接口视图	配置地址转换
nat server protocol *pro-type* global *global-addr* [*global-port*] inside *host-addr* [*host-port*]	接口视图	配置 NAT Server
display nat { address-group | aging-time | all | out-bound | server | statistics | session | [slot *slot-ID*] | [source global *global-addr* | source inside *inside-addr*] | [destionation *ip-addr*] }	任意视图	显示地址转换信息

20.7　实训过程

本实训约需 6 学时。

 实训任务一:配置 Basic NAT

本实训中,私网客户端 Client_A、Client_B 需要访问公网服务器 Server,而 RTB 上不能保有私网路由,因此将在 RTA 上配置 Basic NAT,动态地为 Client_A、Client_B 分配公网地址。

步骤一:建立物理连接并初始化路由器配置

将 PC 通过标准 Console 电缆与路由器的 Console 口连接。

检查设备的软件版本及配置信息,确保各设备软件版本符合要求,所有配置为初始状态。如果配置不符合要求,请学员在用户视图下擦除设备中的配置文件(reset saved-con-figuration),然后重启设备(reboot),以使系统采用缺省的配置参数进行初始化。

进入系统视图,使用 sysname 命令给交换机命名为 RTA_your name(或 RTB_your name)。

步骤二:基本 IP 地址和路由配置

- 依据实训组网图图 20-1,完成路由器接口和 PC 的 IP 地址的配置。

- 需要在 RTA 上配置缺省路由去往公网路由器 RTB,请在下面的空格中补充完整的路由配置:

[RTA]ip route-static 0.0.0.0 0.0.0.0 _____

- 交换机采用出厂缺省配置即可。

步骤三:检查连通性

分别在 Client_A 和 Client_B 上 ping Server(IP 地址为 198.76.29.4)(截图),其结果为_____,产生这种结果的原因是_____

步骤四:配置 Basic NAT

- 在 RTA 上配置 Basic NAT

首先通过 ACL 定义允许源地址属于 10.0.0.0/24 网段的流做 NAT 转换,请在如下的空格中填写完整的 ACL 配置命令:(截图)

[RTA] acl number 2000

[RTA-acl-basic-2000]_____

- 其次配置 NAT 地址池,设置地址池中用于地址转换的地址范围为 198.76.28.10 到 198.76.28.20,请在下面的空格中填写完整的 NAT 地址池配置命令:(截图)

[RTA]nat address-group 1 _____

在该命令中,数字 1 的含义是:_____

- 最后将地址池与 ACL 关联,并在正确接口的正确方向上应用,请在下面的空格中填写完整的命令:(截图)

［RTA］interface _____

［RTA-_____］_____ no-pat

在该命令中,参数 no-pat 的含义是:_____

步骤五:检查连通性

从 Client_A、Client_B 分别 ping Server(截图),其结果是_____

步骤六:检查 NAT 表项

完成步骤五后立即在 RTA 上通过_____命令查看 NAT 会话信息(截图),依据该信息输出,可以看到该 ICMP 报文的源地址 10.0.0.1 已经转换成公网地址_____,目的端口号和源端口号均为_____。源地址 10.0.0.2 已经转换成公网地址_____,目的端口号和源端口号均为_____。五分钟后再次通过该命令查看表项(截图),发现_____,产生这种现象的原因是_____。

可以通过_____命令查看路由器的 NAT 默认老化时间(截图)。

实训任务二:NAPT 配置

私网客户端 Client_A、Client_B 需要访问公网服务器 Server,但由于公网地址有限,在 RTA 上配置的公网地址池范围为 198.76.28.11~198.76.28.11(即只有一个 IP 地址),因此配置 NAPT,动态地为 Client_A、Client_B 分配公网地址和协议端口。

步骤一:建立物理连接并初始化路由器配置

按图 20-1 进行物理连接,将 PC(或终端)的串口通过标准 Console 电缆与路由器的 Console 口连接。

检查设备的软件版本及配置信息,确保各设备软件版本符合要求,所有配置为初始状态。如果配置不符合要求,请学员在用户视图下擦除设备中的配置文件(reset saved-configuration),然后重启设备(reboot),以使系统采用缺省的配置参数进行初始化。进入系统视图,使用 sysname 命令给交换机命名为 RTA_your name(或 RTB_your name)。

步骤二:基本 IP 地址和路由配置

• 与实训任务一相同,配置 RTA 和 RTB 相关接口的 IP 地址以及路由。

需要在 RTA 上配置缺省路由去往公网路由器 RTB,请在下面的空格中补充完整的路由配置:

_____(截图方式填空)

查看 RTA 及 RTB 的路由表(截图)。

• SW1 同样采用出厂缺省配置即可。

步骤三:检查连通性

从 Client_A、Client_B ping Server(IP 地址为 198.76.29.4)(截图),其结果是_____

步骤四:配置 NAPT

在 RTA 上配置 NAPT:

• 首先通过 ACL 定义允许源地址属于 10.0.0.0/24 网段的流做 NAT 转换,请在如下的空格中填写完整的 ACL 配置命令：

［RTA］acl number 2000

［RTA-acl-basic-2000］_____（截图方式填空）

- 其次配置 NAT 地址池 1,设置地址池中用于地址转换的地址为 198.76.28.11：

［RTA］_____（截图方式填空）

- 在_____视图下将 NAT 地址池与 ACL 绑定并下发,在配置命令中_____（需要/不需要）携带 no-pat 参数,意味着_____,请在下面的空格中填写完整的命令：

［RTA］interface _____

［RTA-_____］_____（截图方式填空）

步骤五:检查连通性

从 Client-A、Client_B 上分别 ping Server(截图),其结果是_____

步骤六:检查 NAT 表项

完成步骤五后立即在 RTA 上通过_____命令查看 NAT 会话信息(截图),依据该信息输出,可以看到源地址 10.0.0.1 和 10.0.0.2 转换成的公网地址分别为_____和_____, 10.0.0.1 转换后的端口为_____,10.0.0.2 转换后的端口为_____。

当 RTA 出接口收到目的地址为 198.76.28.11 的回程流量时,正是用当初转换时赋予的不同的端口来分辨该流量是转发给 10.0.0.1,还是 10.0.0.2。NAPT 正是靠这种方式, 对数据包的 IP 层和传输层信息同时进行转换,显著地提高公有 IP 地址的利用效率。

实训任务三:Easy IP 配置

私网客户端 Client_A、Client_B 需要访问公网服务器 Server,使用公网接口 IP 地址动态为 Client_A、Client_B 分配公网地址和协议端口。

步骤一:建立物理连接并初始化路由器配置

按图 20-1 进行物理连接,将 PC(或终端)的串口通过标准 Console 电缆与路由器的 Console 口连接。

检查设备的软件版本及配置信息,确保各设备软件版本符合要求,所有配置为初始状态。如果配置不符合要求,请学员在用户视图下擦除设备中的配置文件(reset saved-confi guration),然后重启设备(reboot),以使系统采用缺省的配置参数进行初始化。进入系统视图,使用 sysname 命令给交换机命名为 RTA_your name(或 RTB_your name)。

步骤二:基本 IP 地址和路由配置

- 与实训任务一同样,配置 RTA 和 RTB 相关接口的 IP 地址以及路由。

需要在 RTA 上配置缺省路由去往公网路由器 RTB,请在下面的空格中补充完整的路由配置：

_____（截图方式填空）

- SW1 同样采用出厂缺省配置即可。

步骤三:检查连通性

从 Client_A、Client_B　ping　Server(IP 地址为 198.76.29.4)（截图）,其结果

是_____

步骤四:配置 EasyIP

在 RTA 上配置 EasyIP。

首先通过 ACL 定义允许源地址属于 10.0.0.0/24 网段的流做 NAT 转换,请在如下的空格中填写完整的 ACL 配置命令:

[RTA] acl number 2000

[RTA-acl-basic-2000]_____(截图方式填空)

然后在_____视图下将 ACL 与接口关联并下发 NAT,请在如下的空格中填写完整的配置命令:

[RTA] interface _____

[RTA-_____]_____(截图方式填空)

步骤五:检查连通性

从 Client-A,Client_B 上分别 ping Server(截图),其结果是_____

步骤六:检查 NAT 表项

完成步骤五后立即在 RTA 上通过_____命令查看 NAT 会话信息(截图),依据该信息输出,可以看到源地址 10.0.0.1 和 10.0.0.2 转换成的公网地址分别为和_____和_____。

在步骤五中,从 Client_A 能够 ping 通 Server,如果从 Server 端 ping Client_A 呢? 其结果是_____。(截图)导致这种情况的原因是:_____。

实训任务四:NAT Server 配置

想让 Server 端能够 ping 通 Client_A,以便 Client_A 对外提供 ICMP 服务,在 RTA 上为 Client_A 静态映射公网地址和协议端口,公网地址为 198.76.28.11。

在实训三的基础上继续如下实训。

步骤一:检查连通性

从 Server ping Client_A 的私网地址 10.0.0.1(截图),其结果是_____。

步骤二:配置 NAT Server

在 RTA 上完成 NAT Server 配置,允许 Client_A 对外提供 ICMP 服务。请在如下空格中完成完整的配置命令:

[RTA] interface _____

[RTA-_____]_____(截图方式填空)

步骤三:检查连通性并查看 NAT 表项

从 Server 主动 ping Client_A 的公网地址 198.76.28.11(截图),其结果是_____

在 RTA 上通过 display nat server 命令查看 NAT Server 表项,表项信息中显示出地址_____和地址_____的一对一的映射关系。

20.8　思考题

1. 2. 在实训任务二中,由公网服务器尝试 ping 内网中的 Client_A 和 Client_B,能 ping 通吗? 为什么?

答:不能 ping 通,因为 RTB 为公网路由器,不会转发去往私网 IP 的数据包。

2. 在本实训中公网地址池使用公网接口地址段,如果使用其他地址段,需要在 RTB 上 增加哪些配置?

答:需要在 RTB 上添加指向公网地址池的静态路由。

3. nat server 命令中的 global-address 一定是 Internet 地址吗?

答:不一定,其实 global,inside 是相对的,配置了 nat server 命令的接口所连接的网络 就是 global 。

项目 21　配置 AAA

21.1　实训目标

➢ 掌握 AAA 的配置
➢ 通过 RADIUS 服务器控制 Telnet 用户登录
➢ 掌握 SSH 登录配置

21.2　项目背景

某学校 A 新组建一个实验室,用于科研工作,为了保密的需要,要求实验室内的计算机必须通过验证之后才可以访问局域网中的网络资源。

21.3　知识背景

1. AAA 简介

AAA(Authentication,Authorization and Accounting)是网络安全的一种管理机制,提供了认证、授权、计费三种安全功能。AAA 通常采用客户机/服务器(Client/Server,C/S)结构(如图 21-1 所示),客户端运行于网络接入服务器(Network Access Server,NAS)上,服务器则集中管理用户信息。

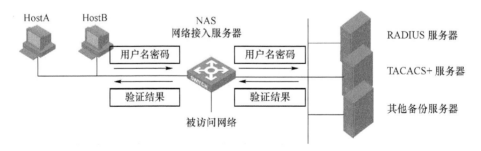

图 21-1　AAA 架构

AAA 的三种安全功能具体作用如下:

- 认证(Authentication):确认远端访问用户的身份,判断访问者是否为合法的网络用户;
- 授权(Authorization):对认证通过的不同用户赋予不同的权限,限制用户可以使用的服务。例如管理用户成功登录设备后,可以根据用户的不同而分配不同的操作权限;

- 计费(Accounting):记录用户使用网络服务中的所有操作,包括使用的服务类型、起始时间、数据流量等,它不仅是一种计费手段,也对网络安全起到了监视作用。

AAA 可以通过多种协议来实现,目前常用的是 RADIUS 协议和 TACACS＋。它们都采用客户机/服务器模式,并规定了客户端(NAS)与服务器之间如何传递用户信息;都使用公共密钥对传输的用户信息进行加密;都具有较好的灵活性和扩展性。而不同的是,RADIUS 无法将认证和授权分离,而 TACACS＋则彻底将认证和授权分离,且具有更高的安全性。

H3C 的网络设备实现的 AAA 架构还提供本地认证功能,即将用户信息(包括本地用户名、密码和各种属性)配置在设备上,相当于将 NAS 和服务器集成在同一个设备上。本地认证具有认证速度快,运营成本低的优点。

在 AAA 安全架构应用中,可以根据实际需要来决定认证、授权、计费功能是由一个还是多个服务器来承担。其中 NAS 负责把用户的认证、授权、计费信息透传给服务器,服务器则根据用户传递的信息和数据库信息来验证用户,或给用户正确授权和计费。AAA 的认证、授权、计费三项功能互相独立,可以分别采取不同的协议。例如使用 TACACS＋服务器实现认证和授权,同时使用 RADIUS 服务器实现计费。同理,用户也可以只使用 AAA 提供的一种或两种安全服务。

2. AAA 的基本配置思路

如图 21-2 所示,在作为 AAA 客户端的接入设备(实现 NAS 功能的网络设备)上,AAA 的基本配置思路如下。

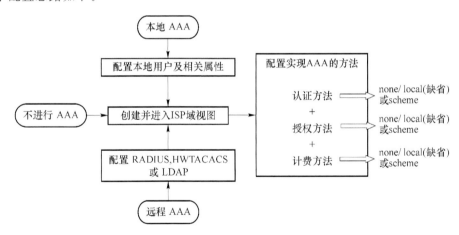

图 21-2　AAA 基本配置思路流程图

(1) 配置 AAA 方案:根据不同的组网环境,配置相应的 AAA 方案。

- 本地认证:由 NAS 自身对用户进行认证、授权和计费。需要配置本地用户,即 local user 的相关属性,包括手动添加用户的用户名和密码等。
- 远程认证:由远程 AAA 服务器来对用户进行认证、授权和计费。需要配置 RADIUS、HWTACACS 或 LDAP 方案。

(2) 配置实现 AAA 的方法:在用户所属的 ISP 域中分别指定实现认证、授权、计费的方法。其中,远程认证、授权、计费方法中均需要引用已经配置的 RADIUS、HWTACACS 或 LDAP 方案。

- 认证方法:可选择不认证(none)、本地认证(local)或远程认证(scheme);
- 授权方法:可选择不授权(none)、本地授权(local)或远程授权(scheme);

• 计费方法:可选择不计费(none)、本地计费(local)或远程计费(scheme)。

21.4 实训环境

组网如图 21-3 所示。

图 21-3 实训组网

21.5 实训设备

本实训所需主要设备及线缆如表 21-1 所示。

表 21-1 设备器材列表

名称和型号	版本	数量	描述
USB-COM 转接器		1	驱动文件见附录
H3C MSR20-40	CMW5.2-R1618P13-Standard	1	
PC	Windows XP SP3	1	
Console 配置线	—	1	
五类 UTP 以太网线		1	

21.6 命令列表

本实训所用到的命令如所示。

表 21-2 命令列表

命 令	命令视图	描 述
domain *isp-name*	系统视图	创建 ISP 域并进入其视图
authentication {default ǀ lan-access ǀ login} { hwtacacs-scheme *hwtacacs-scheme-name* [local] ǀ local ǀ none ǀ radius-scheme *radius-scheme-name* [local] }	ISP 域视图	配置认证方案
authorization {default ǀ lan-access ǀ login} { hwtacacs-scheme *hwtacacs-scheme-name* [local] ǀ local ǀ none ǀ radius-scheme *radius-scheme-name* [local] }	ISP 域视图	配置授权方案
accounting{default ǀ lan-access ǀ login} { hwtacacs-scheme *hwtacacs-scheme-name* [local] ǀ local ǀ none ǀ radius-scheme *radius-scheme-name* [local] }	ISP 域视图	配置计费方案

21.7　实训过程

本实训约需 2 学时。

 实训任务:Telnet 用户本地认证、授权、计费配置

本实训的主要任务是练习 Telnet 用户通过本地认证、授权、计费而登录路由器,从而实现对路由器的管理和操作。

步骤一:建立物理连接并运行超级终端

将 PC 通过标准 Console 电缆与路由器的 Console 口连接。

检查设备的软件版本及配置信息,确保各设备软件版本符合要求,所有配置为初始状态。如果配置不符合要求,请学员在用户视图下擦除设备中的配置文件(reset saved-configuration),然后重启设备(reboot),以使系统采用缺省的配置参数进行初始化。进入系统视图,使用 sysname 命令给路由器命名为 RTA_your name。

步骤二:配置相关 IP 地址并验证互通性

按照图 21-3,配置 PC 以及路由器的 IP 地址,配置完成后在 PC 上 ping 路由器 E0/0 的接口地址(截图),应当能 ping 通。

步骤三:配置 Telnet

首先要在路由器上开启设备的 Telnet 服务器功能,请在如下的空格中填写完整的配置命令:(截图)

[RTA] telnet server _____

接下来在路由器上完成了如下配置:(截图)

[RTA] user-interface vty 0 4

[RTA-ui-vty0-4] authentication-mode scheme

如上配置命令的含义和作用是_____

最后在路由器上创建本地 Telnet 用户,用户名为＊＊＊(操作同学的姓名全拼),明文密码为＊＊＊(操作同学的学号),并设置用户的服务类型。请在如下的空格中填写完整的配置命令:(截图)

[RTA] local-user _____

[RTA-luser-＊＊＊] service-type _____

[RTA-luser-＊＊＊] password simple _____

在配置 Telnet 用户时,同时配置如下命令:

[RTA-luser-telnet] level 3

该命令的含义是_____

步骤四:配置 AAA

在路由器上配置相关的 AAA 方案为本地认证、授权和计费,请在如下空格中补充完整的配置命令:(截图)

[RTA] domain NetworkLab

如上配置命令的含义是_____

[RTA-isp-NetworkLab] authentication login _____

［RTA-isp-NetworkLab］authorization login ＿＿＿＿＿

［RTA-isp-NetworkLab］accounting login ＿＿＿＿＿

保存（save）并重启路由器（reboot）

步骤五：验证

在 PCA 上，点击"运行"使用 Telnet 登录，如图 21-4 所示。

图 21-4 "运行"界面

输入用户名，格式为"姓名全拼@NetworkLab"，其结果（截图）是＿＿＿＿＿（能/否）登录路由器，并截图说明＿＿＿＿＿（能/否）具备系统管理员权限。

21.8 思考题

在实训任务一中，如果 Telnet 用户输入的用户名不带有域名，能否登录到路由器？为什么？

答：可以，因为路由器默认启动了 domain system，而且该域的状态是 active 的。如果不允许不带域名的 Telnet 用户登录路由器，那么需要将系统默认的 system 域的状态去激活，即在 domain system 下配置 state block，那么在 PCA 上仅输入用户名和密码（即无域名）就无法登录路由器了。

项目 22   实现交换机端口安全

22.1   实训目标

> ➤ 掌握 802.1x 的基本配置
> ➤ 掌握端口隔离基本配置
> ➤ 掌握端口绑定技术基本配置

22.2   项目背景

某公司有两个部门,研发部和市场部。研发部的 PC 和市场部的 PC 都通过相应端口接入同一交换机上,公司服务器 Server 也连接在该交换机上。公司希望两个部门的 PC 均要通过验证后方能访问服务器,且两部门彼此之间是隔离的。出于安全控制方面的考虑,在交换机的 E1/0/1 端口下只允许 PC1 通过 E1/0/1 端口访问网络资源,其他的 PC 将无法通过此端口访问任何网络资源。

22.3   知识背景

1. 802.1x 简介

IEEE 802.1x 标准(以下简称 802.1x)是一种基于端口的网络接入控制(Port Based Network Access Control)协议,IEEE 于 2001 年颁布该标准文本并建议业界厂商使用其中的协议作为局域网用户接入认证的标准协议。

802.1x 的提出起源于 IEEE802.11 标准——无线局域网用户接入协议标准,其最初目的主要是解决无线局域网用户的接入认证问题;但由于它的原理对于所有符合 IEEE802 标准的局域网具有普适性,因此后来它在有线局域网中也得到了广泛的应用。

在符合 IEEE802 标准的局域网中,只要与局域网接入控制设备(如交换机)相接,用户就可以与局域网连接并访问其中的设备和资源。但是对于诸如电信接入、商务局域网(典型的例子是写字楼中的 LAN)以及移动办公等应用场合,局域网服务的提供者普遍希望能对用户的接入进行控制,为此产生了对"基于端口的网络接入控制"的需求。顾名思义,"基于端口的网络接入控制"是指在局域网接入控制设备的端口这一级对所接入的设备进行认证和控制。连接在端口上的用户设备如果能通过认证,就可以访问局域网中的资源;如果不能通过认证,则无法访问局域网中的资源,相当于物理连接被断开。

802.1X 系统中包括三个实体:客户端(Client)、设备端(Device)和认证服务器(Authentication server),如图 22-1 所示。

图 22-1　802.1x 体系结构图

- 客户端:是请求接入局域网的用户终端,由局域网中的设备端对其进行认证。客户端上必须安装支持 802.1x 认证的客户端软件。
- 设备端:是局域网中控制客户端接入的网络设备,位于客户端和认证服务器之间,为客户端提供接入局域网的端口(物理端口或逻辑端口),并通过与认证服务器的交互来对所连接的客户端进行认证。
- 认证服务器:用于对客户端进行认证、授权和计费,通常为远程认证拨号用户服务 (Remote Authentication Dial-In User Service,RADIUS)服务器。认证服务器根据设备端发送来的客户端认证信息来验证客户端的合法性,并将验证结果通知给设备端,由设备端决定是否允许客户端接入。在一些规模较小的网络环境中,认证服务器的角色也可以由设备端来代替,即由设备端对客户端进行本地认证、授权和计费。

2. 端口隔离

为了实现报文之间的二层隔离,可以将不同的端口加入不同的 VLAN,但 VLAN 的总数量为 4096,在一个大规模网络中,接入用户的数量可能会远远大于 4096,此时用 VLAN 隔离用户就不现实了。用端口隔离特性,可以实现同一 VLAN 内端口之间的隔离。用户只需要将端口加入到隔离组中,就可以实现隔离组内端口之间二层数据的隔离。端口隔离功能为用户提供了更安全、更灵活的组网方案。

设备只支持一个隔离组(以下简称单隔离组),由系统自动创建隔离组 1,用户不可删除该隔离组或创建其他的隔离组。隔离组内可以加入的端口数量没有限制。

端口隔离特性与端口所属的 VLAN 无关。对于属于不同 VLAN 的端口,端口二层数据是相互隔离的。对于属于同一 VLAN 的端口,隔离组内端口与隔离组外端口的二层流量双向互通。

隔离组中的端口分为普通端口和上行端口(Uplink-Port)。普通端口之间被二层隔离,但普通端口和上行端口之间可以互通。

3. 端口绑定

传统的以太网技术并不对用户接入的位置进行控制。用户主机无论连接到交换机的哪个端口,都能够访问网络资源,这使网络管理员无法对用户的位置进行监控,对网络安全控制是不利的。

通过"MAC+IP+端口"绑定功能,可以实现设备对转发报文的过滤控制,提高安全性。配置绑定功能后,只有指定 MAC 和 IP 的主机才能在指定端口上收发报文,访问网络资源。

进行"MAC+IP+端口"绑定配置后,当端口接收到报文时,会查看报文中的源 MAC、源 IP 地址与交换机上所配置的静态表项是否一致。操作结果如下:

如果报文中的源 MAC、源 IP 地址与所设定的 MAC、IP 相同,端口将转发该报文;

如果报文中的源 MAC、源 IP 地址中任一个与所设定不同,端口将丢弃该报文。

22.4 实训环境

组网如图 22-2 所示。

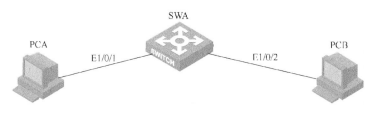

图 22-2 实训组网

22.5 实训设备

本实训所需主要设备及线缆如表 22-1 所示。

表 22-1 设备器材列表

名称和型号	版本	数量	描述
USB-COM 转接器		1	驱动文件见附录
H3C S3610	CMW5.20 Release 5306	1	
PC	Windows XP SP3	2	
Console 配置线	—	1	
五类 UTP 以太网线		2	

22.6 命令列表

本实训所用到的命令如表 22-2 所示。

表 22-2 命令列表

命　　令	命令视图	描　　述
dot1x	系统视图	开启全局的 802.1x 特性
dot1x interface *interface-list*	系统视图	开启端口的 802.1x 特性
port-isolate enable	接口视图	将指定端口加入到隔离组中成为隔离组的普通端口
port-isolate uplink-port	接口视图	将指定端口加入到隔离组中,端口成为隔离组的上行端口
user-bind ip-address *ip-address* [mac-address *mac-address*]	接口视图	配置当前端口与相应 IP、MAC 地址绑定
display port-isolate group	任意视图	显示端口隔离组信息
display user-bind	任意视图	显示端口绑定信息

22.7 实训过程

本实训约需 4 学时。

 实训任务一:配置 802.1x

本实训通过在交换机上配置 802.1x 协议,使接入交换机的 PC 经过认证后才能访问网络资源。通过本实训,学员能够掌握 802.1x 认证的基本原理和 802.1x 本地认证的基本配置。

步骤一:建立物理连接并运行超级终端

将 PC(或终端)通过标准 Console 电缆与交换机的 Console 口连接。

检查设备的软件版本及配置信息,确保各设备软件版本符合要求,所有配置为初始状态。如果配置不符合要求,请学员在用户视图下擦除设备中的配置文件(reset saved-configuration),然后重启设备(reboot),以使系统采用缺省的配置参数进行初始化。进入系统视图,使用 sysname 命令给交换机命名为 SWA_your name。

步骤二:检查互通性

分别配置 PCA、PCB 的 IP 地址为 172.16.0.1/24、172.16.0.2/24。配置完成后,在 PCA 上用 ping 命令来测试到 PCB 的互通性,其结果(截图)是_____(通/不通)

步骤三:配置 802.1x 协议

实现在交换机 SWA 上启动 802.1x 协议:

- 首先需要分别在_____和_____开启 802.1x 认证功能,请在下面的空格中补充完整的命令(截图):

  [SWA]_____

  [SWA]dot1x _____

- 其次在 SWA 上创建本地 802.1x 用户,用户名为＊＊＊＊＊(B 同学的姓名全拼),密码为明文格式的＊＊＊＊＊(B 同学的学号),该用户的服务类型 service-type 是_____,请在如下的空格中完成该本地用户的配置命令:(截图)

  _____

  _____

  _____

步骤四:802.1x 验证

配置完成后,再次在 PCA 上用 ping 命令来测试到 PCB 的互通性,其结果是(截图)是:_____(通/不通)

导致如上结果的原因是交换机上开启了 802.1x 认证,需要在客户端配置 802.1x 认证相关属性。

在 PCA 和 PCB 上安装 802.1x 客户端软件——8021XClient(即运行文件 8021XClient V220-0231-windows.exe)按默认安装步骤进行,最后注意不要重启设备,而是选择如图 22-3 所示的"否"选项。

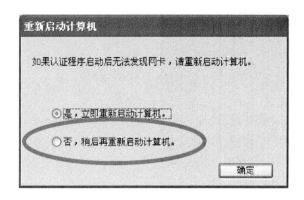

图 22-3   重新启动计算机界面

安装完成后,运行 H3C 802.1x 软件,在如图 22-4 的对话框中输入用户名 * * * * *(B 同学的姓名全拼)和密码 * * * * *(B 同学的学号)后,单击【连接】,系统无错误提示即表示通过验证(截图)。

图 22-4   连接 802.1x 网络界面

在 PCA 与 PCB 都通过验证后,在 PCA 上用 ping 命令来测试到 PCB 的互通性(截图),其结果是_____

 实训任务二:配置端口隔离

本实训通过在交换机上配置端口隔离,使处于隔离组内的两台 PC 不能互相访问,但 PC 能访问上行端口的 PC。通过本实训,学员能够掌握端口隔离的基本原理和基本配置。

步骤一:建立物理连接并运行超级终端

将 PC(或终端)通过标准 Console 电缆与交换机的 Console 口连接。

检查设备的软件版本及配置信息,确保各设备软件版本符合要求,所有配置为初始状态。如果配置不符合要求,请学员在用户视图下擦除设备中的配置文件(reset saved-configuration),然后重启设备(reboot),以使系统采用缺省的配置参数进行初始化。进入系统视图,使用 sysname 命令给交换机命名为 SWA_your name。

步骤二:检查互通性

分别配置 PCA、PCB 的 IP 地址为 172.16.0.1/24、172.16.0.2/24。配置完成后,在 PCA 上用 ping 命令来测试到 PCB 的互通性,其结果(截图)是_____(通/不通)

步骤三:配置端口隔离

在交换机上启动端口隔离,设置端口 Ethernet 1/0/1、Ethernet 1/0/2 为隔离组的普通端口,端口 Ethernet 1/0/24 为隔离组的上行端口。

配置 SWA 过程如下:(截图)

[SWA] interface Ethernet 1/0/1

[SWA-interface Ethernet 1/0/1]_____

[SWA] interface Ethernet 1/0/2

[SWA-interface Ethernet 1/0/2]_____

[SWA] interface Ethernet 1/0/24

[SWA-interface Ethernet 1/0/24]_____

配置完成后,通过_____命令查看隔离组的信息。

步骤四:端口隔离验证

在 PCA 上用 ping 命令来测试到 PCB 的互通性,其结果是(截图)是:

_____(通/不通)

再将 PCB 从端口 Ethernet 1/0/2 断开,把 PCB 连接到隔离组的上行端口 Ethernet 1/0/24 上,再用 ping 命令测试 PCA 与 PCB 的连通性,结果是:(截图)

_____(通/不通)

 实训任务三:配置端口绑定

本实训通过在交换机上配置端口绑定,使交换机上的绑定端口只能让特定用户接入。通过本实训,学员能够掌握端口绑定的基本原理和基本配置。

步骤一:建立物理连接并运行超级终端

将 PC(或终端)通过标准 Console 电缆与交换机的 Console 口连接。

检查设备的软件版本及配置信息,确保各设备软件版本符合要求,所有配置为初始状态。如果配置不符合要求,请学员在用户视图下擦除设备中的配置文件(reset saved-configuration),然后重启设备(reboot),以使系统采用缺省的配置参数进行初始化。进入系统视图,使用 sysname 命令给交换机命名为 SWA_your name。

步骤二:端口绑定

分别配置 PCA、PCB 的 IP 地址为 172.16.0.1/24、172.16.0.2/24。

分别查看并记录 PCA 和 PCB 的 MAC 地址。之后在交换机 SWA 上启动端口绑定,设置端口 Ethernet 1/0/1 与 PCA 的 MAC 地址绑定,端口 Ethernet 1/0/2 与 PCB 的 MAC 地址绑定,在如下空格处补充完整命令:

[SWA] interface Ethernet 1/0/1

[SWA-interface Ethernet 1/0/1] user-bind _____

[SWA] interface Ethernet 1/0/2

[SWA-interface Ethernet 1/0/2]＿＿＿＿＿＿＿＿＿＿

配置完成后,通过执行＿＿＿＿＿命令查看已经设置绑定的信息(截图)。

步骤三:端口绑定验证

在 PCA 上用 ping 命令来测试到 PCB 的互通性,其结果是(截图):

＿＿＿＿＿＿＿＿＿＿＿(通/不通)

断开 PC 与交换机的连接,再将 PCA 连接到交换机端口 Ethernet 1/0/2 上,将 PCB 连接到交换机端口 Ethernet 1/0/1 上,再重新用 ping 命令来测试 PCA 到 PCB 的互通性,其结果是(截图)是:

＿＿＿＿＿＿＿＿＿＿＿(通/不通)

22.8　思考题

在实训任务一中,使用交换机内置本地服务器对用户进行了本地认证。可不可以不在交换机上配置用户名、密码等信息,而对用户进行认证?

答:可以,但必须在网络中增加一台远程认证服务器,通过交换机与远程认证服务器协同工作,由交换机把用户名、密码等信息发送到远程认证服务器而完成认证过程。

项目 23　配置链路备份和路由备份

23.1　实训目标

➢ 掌握链路备份的配置
➢ 掌握路由备份的配置

23.2　项目背景

在某高校的局域网中,与出口网关路由器相连接的交换机起汇聚作用,负责将各个院系的局域网进行接入,流量非常大,并且对设备的可靠性要求很高。在网络设计的时候,需要考虑对汇聚交换机进行备份,以提高网络的可靠性。

23.3　知识背景

1. 网络的可靠性

网络可靠性也称为可用性,指网络提供服务的不间断性。可靠性的衡量指标是正常运行时间(uptime)或故障时间(downtime)。通常,当网络的可用性达到或超过 99.999% 时,即可将其归入高可靠性网络。网络可靠性通常需要通过一定的冗余来实现,如设备的冗余、相应线路的冗余、使用有较强冗余路径管理能力的通信协议和软件等。

2. 分层网络可靠性设计的原则

现代网络设计中普遍使用分层设计的思想,对于大型网络,一般采用核心层、汇聚层、接入层的三层结构模型(如图 23-1 所示)。

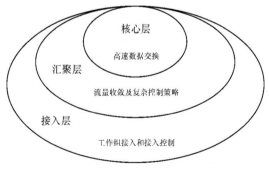

图 23-1　网络三层结构模型

根据每层在网络中体现的特点和作用的不同,在提高可靠性方面,相应采取不同的原则。

- 核心层:选择高端网络设备,对设备和链路实现双冗余甚至多冗余。
- 汇聚层:采用中端网络设备,采用冗余链路提高网络可靠性,必要时也采用设备冗余。
- 接入层:通常不考虑接入层设备的冗余性,对 VIP 用户或重要服务器可采用链路或设备冗余。

3. 备份中心简介

备份中心(Backup Center)是 Comware 中管理备份功能的模块,它可以为路由器的接口提供备份,主要用于对 WAN 接口的备份。

运用备份中心后,当主接口上的线路发生故障后,备份中心将启动备份接口上的线路进行通信,数据传输又可以继续进行了。运用备份中心可以提高网络的可靠性,增强网络的可用性。

备份中心将接口角色分为:

- 主接口:即被其他接口备份的接口,数据传输通常由主接口承担;
- 备份接口:是为主接口提供备份的接口,通常处于空闲状态,仅在主接口故障时承担数据传输。

4. VRRP 介绍

通常,子网内的所有主机都设置一条相同的到网关的缺省路由。主机发出的所有目的地址不在本网段的报文将通过缺省路由发往网关,从而实现主机与外部网络的通信。当网关发生故障时,本网段内所有以网关为缺省路由的主机将中断与外部网络的通信。

缺省路由为用户的配置操作提供了方便,但是对缺省网关设备提出了很高的稳定性要求。增加出口网关是提高系统可靠性的常见方法,此时如何在多个出口之间进行选路就成为需要解决的问题。

虚拟路由器冗余协议(Virtual Router Redundancy Protocol,VRRP)可以解决以上问题。在具有多播或广播能力的局域网(如以太网)中,借助 VRRP 能在某台设备出现故障时仍然提供高可靠的缺省链路,而无须修改用户的配置信息。VRRP 通过物理设备和逻辑设备的分离,很好地解决了局域网默认网关的冗余备份问题。VRRPv2 基于 IPv4,VRRPv3 基于 IPv6。

VRRP 将局域网内的一组路由器划分在一起,称为一个备份组。备份组由一个 Master 路由器和多个 Backup 路由器组成,功能上相当于一台虚拟路由器。该虚拟路由器具有 IP 地址,局域网内的主机将其设置为其默认网关。网络内的主机通过这个虚拟路由器与外部网络进行通信。备份组内的路由器根据优先级选举出 Master 路由器,承担默认网关功能。当备份组内的 Master 发生故障时,其余的路由器将取代它继续履行网关职责。

- VRRP 在每个备份组中选举出一个 Master

首先根据优先级,优先级最大的成为 Master;若优先级相同,则接口主 IP 地址大的成为 Master。

- VRRP 备份

如果组内的 Backup 长时间没有接收到来自 Master 的报文,则将自己的状态转为 Master;若有多台 Backup,则通过交换 VRRP 报文重新选举出新的 Master。

VRRP 备份组具有以下特点。

(1)局域网内的主机仅需要知道这个虚拟路由器的 IP 地址,并将其设置为缺省路由的下一跳地址。

(2)网络内的主机通过这个虚拟路由器与外部网络进行通信。

(3)备份组内的路由器根据一定的选举机制,分别承担网关的功能。当备份组内承担网关功能的路由器发生故障时,其余的路由器将取代它继续履行网关职责。

23.4 实训环境

组网如图 23-2 和 23-3 所示。

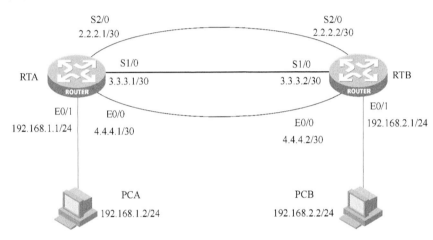

图 23-2 实训任务一组网

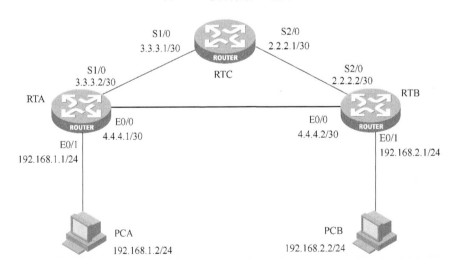

图 23-3 实训任务二组网

23.5　实训设备

本实训所需主要设备及线缆如表 23-1 所示。

表 23-1　设备器材列表

名称和型号	版本	数量	描述
USB-COM 转接器		1	驱动文件见附录
H3C MSR20-40	CMW5.2-R1618P13-Standard	3	
PC	Windows XP SP3	2	
Console 配置线	—	1	
五类 UTP 以太网线		3	
V.35 DTE 串口线	—	2	
V.35 DCE 串口线	—	2	

23.6　命令列表

本实训所用到的命令如表 23-2 所示。

表 23-2　命令列表

命　令	命令视图	描　述
standby interface *interface-type interface-ID*［*priority*］	接口视图	指定主接口的备份接口及其优先级
standby timer delay *enable-delay disable-delay*	接口视图	设置主备接口切换的延时
display standby state	接口视图	查看主接口与备份接口的接口状态和备份状态等信息

23.7　实训过程

本实训约需 4 学时。

 实训任务一:配置链路备份

本实训的主要任务是实现 PCA 与 PCB 通过 RTA 和 RTB 互通,同时把 RTA 的接口 Serial2/0 和 E0/0 配置为主接口 Serial1/0 的备份接口,并优先使用备份接口 Serial2/0 而且设置主接口与备份接口相互切换的延时。

步骤一:建立物理连接并运行超级终端

按照图 23-2 进行物理连接,并将 PC(或终端)的串口通过标准 Console 电缆与路由器的 Console 口连接。

检查设备的软件版本及配置信息,确保各设备软件版本符合要求,所有配置为初始状态。如果配置不符合要求,请学员在用户视图下擦除设备中的配置文件(reset saved-configuration),然后重启设备(reboot),以使系统采用缺省的配置参数进行初始化。进入系统视图,使用 sysname 命令给交换机命名为 RTA_your name(或 RTB_your name)。

步骤二:配置相关 IP 地址并验证互通性

依据实训组网图的标识完成 RTA、RTB、PCA、PCB 的 IP 地址配置,其中 PCA 的网关地址应设置为_____,PCB 的网关地址应设置为_____。

配置 RTA 和 RTB 的路由,依据组网图,在 RTA 和 RTB 上需要配置_____条下一跳_____(相同/不相同)的静态路由,请在如下空格中补充完整的 RTA 和 RTB 的静态路由配置:

- 配置 RTA 静态路由:

  [RTA]ip route-static 192.168.2.0 24 _____
  [RTA]ip route-static 192.168.2.0 24 _____
  [RTA]ip route-static 192.168.2.0 24 _____

- 配置 RTB 静态路由:

  _____
  _____
  _____

配置完成后,在 PCA 上 ping PCB(截图),其结果应该是可达。

步骤三:配置链路备份

- 要在 RTA 上实现链路备份配置,需要在_____视图下通过 standby interface 命令完成;而要实现优先使用备份接口 Serial2/0,那么在配置如上命令时需要加入 priority 参数。请在如下空格中补充完整的配置命令实现 RTA 的接口 Serial2/0 和 E0/0 配置为主接口 Serial1/0 的备份接口,并优先使用备份接口 Serial2/0。

  [RTA]_____
  _____
  _____

- 同时在 RTA 上做了如下配置:

  [RTA-Serial1/0]standby timer delay 10 10
  如上配置命令的含义是:_____

步骤四:验证链路备份

完成步骤三后,在 PCA 上 ping PCB(截图),其结果是_____

在 PCA 上可以通过_____命令查看主接口与备份接口的状态(截图),根据该命令的输出信息补充表 23-3 空格中的信息。

表 23-3 数据记录表一

Interface	Interface state	Standby state	Pri
Serial 2/0			
Serial 1/0			
Ethernet 0/0			

此时在 RTA 上通过_____命令将端口 Serial1/0 手工关闭,然后 10 秒后,继续查看主接口与备份接口的状态(截图),根据该命令的输出信息补充表 23-4 空格中的信息。

表 23-4　数据记录表二

Interface	Interface state	Standby state	Pri
Serial 2/0			
Serial 1/0			
Ethernet 0/0			

此时,在 PCA 上 ping PCB(截图),其结果是_____。

然后再保持端口 Serial1/0 关闭,将端口 Serial2/0 手动关闭,然后 10 秒后,继续查看主接口与备份接口的状态(截图),根据该命令的输出信息补充表 23-5 空格中的信息。

表 23-5　数据记录表三

Interface	Interface state	Standby state	Pri
Serial 2/0			
Serial 1/0			
Ethernet 0/0			

此时,在 PCA 上 ping PCB(截图),其结果是_____。

 实训任务二:配置路由备份

本实训的主要任务是通过适当配置 RIP 路由协议和静态路由协议,使 PCA 访问 PCB 优先选择静态路由协议,其次选择 RIP 路由协议。

步骤一:建立物理连接并运行超级终端

按图 23-3 进行物理连接,并将 PC(或终端)的串口通过标准 Console 电缆与路由器的 Console 口连接。

检查设备的软件版本及配置信息,确保各设备软件版本符合要求,所有配置为初始状态。如果配置不符合要求,请学员在用户视图下擦除设备中的配置文件(reset saved-configuration),然后重启设备(reboot),以使系统采用缺省的配置参数进行初始化。进入系统视图,使用 sysname 命令给交换机命名为 RTA_your name(或 RTB_your name 或 RTC_your name)。

步骤二:配置相关 IP 地址并验证互通性

依据实训组网图图 23-3 的标识完成 RTA、RTB、RTC、PCA、PCB 的 IP 地址配置,其中 PCA 的网关地址应设置为_____,PCB 的网关地址应设置为_____。

配置完成后,在 PCA 上 ping PCB(截图),其结果是_____。

步骤三:配置 RIP

- 在 RTA、RTB、RTC 的所有接口上运行 RIP V2。请在下面空格处完成相应设备上的相关配置:

  [RTA]_____

_____

_____

_____

[RTB]_____

_____

_____

_____

[RTC]_____

_____

_____

_____

配置完成后,在 RTA 上查看全局路由表(截图),可以看到路由表中有目的网段为 192.168.2.0/24 的路由,其协议优先级为_____,Cost 值为_____。

在 RTB 上查看全局路由表(截图),可以看到 RTA 的路由表中有目的网段为 192.168.1.0/24 的路由,其协议优先级为_____,Cost 值为_____。

配置完成后,在 PCA 上 ping PCB(截图),其结果应该是可达。

步骤四:配置静态路由

RTA 与 RTB 之间通过 E0/0 互联,在 RTA 和 RTB 上配置静态路由。

要实现 PCA 访问 PCB 优先选择静态路由,那么应当配置同一目的网段的静态路由的优先级数值_____(小于/大于/等于)RIP 路由协议的优先级数值。MSR 上静态路由的优先级默认是_____,因此默认值即可满足要求。

[RTA] ip route-static 192.168.2.0 24 _____

[RTA] ip route-static 192.168.1.0 24 _____

配置完成后,在 RTA 上查看全局路由表(截图),可以看到路由表中有目的网段为 192.168.2.0/24 的路由有_____条,是_____路由,其协议优先级为_____;

在 RTB 上查看全局路由表(截图),可以看到路由表中有目的网段为 192.168.1.0/24 的路由有_____条,是_____路由,其协议优先级为_____;

配置完成后,在 PCA 上 ping PCB(截图),其结果应该是可达。

步骤五:验证备份路由

在步骤四种,PCA 访问 PCB 是经由_____路由实现的,因为_____。

断开 PCA 与 PCB 之间的 E0/0 的链路,然后在 RTA 上查看全局路由表(截图),可以看到目的网段为 192.168.2.0/24 的路由是一条_____路由,在 RTB 上查看全局路由表(截图),可以看到目的网段为 192.168.2.0/24 的路由是一条_____路由。

在 PCA 上 ping PCB(截图),其结果是_____。

断开 PCA 与 PCB 之间的 E0/0 的链路,然后在 RTA 上查看全局路由表(截图),可以看到目的网段为 192.168.2.0/24 的路由是一条_____路由，在 RTB 上查看全局路由表（截图），可以看到目的网段为 192.168.2.0/24 的路由是一条_____路由。

　　在 PCA 上 ping PCB（截图），其结果是_____。

23.8　思考题

　　1. 在实训任务一的步骤二中，PCA 与 PCB 实现互通，在此情况下，PCA 与 PCB 之间的数据流如何选择这三条链路？

　　答：三条链路是通过负载分担的方式来分配数据流的。

　　2. 在实训任务二的步骤四中，为何配置了静态路由后，RTA 和 RTB 的路由表中看不到原先的 RIP 路由？

　　答：对于同一目的网段的不同路由协议学习到的路由，路由器将比较这两条路由的优先级，将优先级数值小（即更优先可信）的路由写入自己的全局路由表。

附　　录

相关软件列表：

[1] USB-COM 转接器驱动文件：R340

[2] 终端仿真程序软件：Secure CRT 5.1

[3] 报文分析软件：ethereal-setup-0.10.12_ttdown

[4] TFTP 服务器软件：3CDaemon 软件

[5] 802.1X 客户端软件：8021XClient V220-0231-windows.exe

参 考 文 献

［1］ 库罗斯.计算机网络:自顶向下方法［M］.4 版.北京:机械工业出版社,2009.

［2］ 杭州华三通信技术有限公司.新一代网络建设理论与实践［M］.北京:电子工业出版社,2011.